上你受益一生的成功必读指导

XIANGDAO GENGYAO ZUODAO

想到更要做到

肖福新◎编著

成功励志
珍藏版

煤炭工业出版社

·北京·

图书在版编目（CIP）数据

想到更要做到／肖福新编著． －－北京：煤炭工业
出版社，2018

ISBN 978 - 7 - 5020 - 6543 - 0

Ⅰ.①想…　Ⅱ.①肖…　Ⅲ.①成功心理—通俗读物
Ⅳ.①B848.4 - 49

中国版本图书馆 CIP 数据核字（2018）第 045057 号

想到更要做到

编　　著	肖福新
责任编辑	马明仁
封面设计	盛世博悦

出版发行　煤炭工业出版社（北京市朝阳区芍药居 35 号　100029）

电　　话　010 - 84657898（总编室）
　　　　　010 - 64018321（发行部）　010 - 84657880（读者服务部）

电子信箱　cciph612@ 126. com

网　　址　www. cciph. com. cn

印　　刷　北京德富泰印务有限公司

经　　销　全国新华书店

开　　本　880mm×1230mm$^1/_{32}$　印张　$7^1/_2$　字数　220 千字

版　　次　2018 年 5 月第 1 版　2018 年 5 月第 1 次印刷

社内编号　20180093　　　　　定价　49. 80 元

▌前 言

在我国的每一个城市里，都林立着数不胜数的店铺招牌。其中，不少招牌因为暴露在外，饱受日晒雨淋、风吹霜打，早已锈迹斑斑，不是缺笔少画，就是一副无精打采的样子。因为处处司空见惯，所以人人见怪不怪。

在深圳打工的湖南青年龙某，面对深圳街头生意红火的美容院及其店铺门口悬挂的破旧招牌，心想：给人做美容的生意这么好，给招牌做美容想必也会受到店铺老板的喜欢吧。他由此想到了一个赚钱的独特门道——开家招牌美容店。

四年后的今天，龙某的招牌美容店已经扩张到好几个南方城市。他也因此成了一个腰缠百万的老板。

思路决定出路，想到才能做到。一个人的思想是一块富饶的土地，你可以让它变成收获硕果的良田，也可以任它成为杂草丛生的荒漠——一切就看你是否在进行有计划的辛勤耕耘。伟大的成功学家拿破仑·希尔曾语重心长地告诫那些渴望成就一番事业的人们："世界上所有的计划、目标和成就，都是经过思考后的产物。你的思考能力，是你唯一能完全控制的东西，你可以用智慧或愚蠢的方式运用你的思想，但无论你如何运用它，它都会显示出一定的力量。"

心有多大，事业就有多大；一个聪明的大脑价值连城！

一个冬天的傍晚，山南的狗熊和山北的兔子在雪地艰难觅食时碰面了。在饥寒交迫中，它们赌咒着残酷现实，并描绘了各自美好的未来。

"再也不能这么过了。"狗熊有气无力地说，"冬天一过，我就要种一亩玉米，到秋天准能收获很多玉米棒子，我把这些玉米棒子挂在山洞里存起来，就不会在来年的冬天再这么狼狈了。"

"再也不能这么过了。"兔子无精打采地说，"冬天一过，我就要种一亩胡萝卜，到秋天准能收获很多胡萝卜，我把这些胡萝卜藏在地窖里存起来，就不会在来年的冬天再这么痛苦了。"

又一个冬天到了，山南的狗熊和山北的兔子再次在雪地重逢。狗熊没提种玉米的事，兔子也没说种胡萝卜的事，它们只是礼节性地打了个招呼，便各自四处觅食。原来，狗熊在春天成天在山上忙着采食鲜美的蜂蜜，种玉米的事儿早就被它抛在脑后；兔子在春天倒是下了胡萝卜的种，但夏天却懒得在太阳下给胡萝卜苗浇水，结果胡萝卜苗全旱死在田里。

狗熊和兔子都想到如何让自己活得更好的办法，但要么没有采取实际的行动，要么没能坚持做下去。它们注定又要遭受一次饥寒交迫的煎熬。

有了好的想法，就要去实践。有道是"万事开头难"，其实开头之后坚持下去尤其困难。开始做一件事情，往往靠的是信心和决心；而事情一旦开始，要有始有终就需要靠耐心和恒心了。有的人做事之初信心满满、斗志昂扬，一段时间后就渐渐觉得厌倦，加上事情并不是一帆风顺，渐渐地就在这样那样的困难或干扰中停下了脚步。

汉高祖刘邦，原本是个地方小混混，但出人意料的是，他却以一介布衣提三尺宝剑崛起于乱世，并成为一位叱咤风云的开国皇帝。有人问他得天下的缘由，他很坦率，一句话：懂得借用他人的能耐。像张良、韩信等人，能耐都在刘邦之上，却都被刘邦收归己用，为自己服务。

很多计谋是刘邦所不能想到的，很多胜仗是刘邦所不能做到的。刘邦文韬不如张良，但张良帮他想到了他该想到的；刘邦武略不如韩信，但韩信帮他做到了他该做到的。

没有哪个人是全才，要处处想到、事事做到，的确有很大的困难。因此，我们所谓的想到是银、做到是金，并非单指你凭一己之智慧与力量去想去做。如果我们能够像刘邦那样，懂得并善于借用他人的才华与力量，又有什么不能想到，什么不能做到的呢？

目 录 Contents

第一章　聪明的大脑是无价之宝

世界上所有的计划、目标和成就，都是经过思考后的产物。你的思考能力，是你唯一能完全控制的东西，你可以用智慧或是愚蠢的方式运用你的思想，但无论你如何运用它，它都会显示出一定的力量。

——拿破仑·希尔

人类是一种使思想开花结果的植物，犹如玫瑰树上绽放玫瑰、苹果树上结满苹果。

——安托万·法勃尔·多里维

有家公司的一台发动机引擎坏了。请了许多人都没能修好。后来请了一位工程师，他听了听引擎发动机的声音，立刻明白毛病出在哪里了。于是，他用粉笔在机壳上画了一道线，说："打开它，将这里线圈的线拆除加圈。"

技工照办，果然引擎就可以发动了。

修理好后，技工问他要多少报酬，他说一千美元。技工见他根本没费什么劲儿修理，却要收这么高的费用，认为他是狮子大开口，觉得一千美元未免太昂贵了。

看到技工不屑的表情，他笑笑说："没错，画一道线只值一美元，但知道在哪里画这道线，值九百九十九美元。"

出路取决于思路

思路决定出路，想到才能做到。干一番事业，少不了经过一段深思熟虑的历程。著名的成功学家拿破仑·希尔在研究成功学时，发现即使是那些被认为一夜成名的人，他们在成名之前早已默默无闻地为自己的出路进行了漫长的规划与努力。

1. 大脑的价值因智慧而存在

只需要付出几百元钱，你就可以到化工原料店铺买所有组成人类所需要的物质，但却无法创造出一个会说会走的生命。

你可以请一位手工最精细的工匠，制造一个逼真的人物雕像，却没法使它像真人般有智慧和思想。

我们已经拥有复制人类的技术，但却并非了解自己的脑袋是如何运作。生命真的很奇妙，人类思想行动的总指挥，就是这个体积平均只有1400毫升的器官——脑袋。

从生命的角度来说，人的脑袋是无价的，因为生命无价。从智慧的角度来说，人的脑袋是有价的，一个聪明的脑袋价值连城（欧·亨利语）。我国"航天之父"钱学森老先生，在解放初期回国时，受到美国军方的百般阻挠与恐吓，因为美国军方认为钱老"价值五个师"。显然，这里所谓的"价值"，指的是钱老脑袋里的智慧。

由此可见，人的脑袋的价值决不应该只是为生存而存在，同时也应该因智慧而存在。

2004年3月20日，凤凰卫视董事局主席刘长乐——这位记者出身的企业家在凤凰卫视创办八周年之际，接受了美国CNN《话说亚洲》节目的专访。

当CNN的主持人问刘长乐凭什么成为传媒大亨时，刘长乐说："中国有一句俗话说：'（20世纪）80年代靠胆子'，就是说你要有胆量、有胆识，要不然你也不会去'下海'，你也不会去经营；'90年代靠路子'，就是靠关系；但是，到了新的21世纪，要靠脑子，不是靠关系。因为现在中国已经完全市场化了，在相当大的程度上，它的市场已经非常规范，很多事情不是靠关系、靠路子就可以奏效的。我认同这样一个规律。"

刘长乐是聪明的，也是成功的。聪明对一个人来说太重要了，它能给我们提供成功的密码。因此，我们应当用聪明武装起自己的大脑。

谁能够精确地估算出由于不够聪明而导致的损失呢？那些人生旅途上的跌跌撞撞、磕磕碰碰，那些生活中的弯路和陷阱，那些跌倒后的辛酸、苦涩与困惑，那些由于人们不知道怎样在合适的时间做合适的事情而导致的致命错误。我们经常可以看到蓬勃洋溢的才华被无谓地浪费，或者是得不到有效的利用，因为这些才华的拥有者缺乏这种被我们称之"聪明"的微妙品质。

或许你接受过高深的大学教育，或许你在自己的专业领域受到过尖端的训练，或许你在自己所从事的行业是一个真正的天才；然而，你仍然可能在这个世界上郁郁不得志或是难展宏图。但是，一旦你能够在原有才干的基础上增加聪明这种品质，并与才干结合起来，你将惊奇地发现前途是多么的坦荡光明，而你在发展自己的事业时又是多么的得心应手。

不管一个人是多么的才华横溢，天资过人，如果他缺乏足够的聪明来对才华和天资进行有效的引导，如果他不能够在适当的时间说适当的话做适当的事，那么他还是无法有效地施展和运用自身的才华。

2. 用脑也要方法得当

西方流行着一句十分有名的谚语，叫作："Use your head."（用用你的脑子）。许多的智者一生都在遵循着这句话，为人类解决了很多难题。

在现代社会里，每个人都在想尽一切办法来解决生活中的一切问题，而且，最终的强者也将是办法最得当的那部分人。

世界著名电脑商IBM的前任总裁华特森就是一个特别注重办事方法的人，而且也十分舍得花费时间和金钱来培训员工们思考问题想办法的能力。他曾对外界信誓旦旦地说："IBM每年员工教育训练费用的增长，必须超过公司营业的增长。"事实也确实如此。

在全世界IBM管理人员的桌上，都会摆着一块金属板，上面写着"THINK"（想）。

这一字箴言，是IBM的创始人汤姆·华特森创造的。

1911年12月，华特森还在NCR（国际收银机公司）担任销售部门的高级主管。

有一天，寒风刺骨，淫雨霏霏，气氛沉闷，无人发言，大家逐渐显得焦躁不安。

华特森突然在黑板上写了一个很大的"THINK"，然后对大家说："我们共同的缺点是，对每一个问题没有充分思考，别忘了，我们都是靠动脑赚得薪水的。"

在场的NCR总裁约翰·巴达逊对"THINK"这一字大为赞赏，当天，这个字就成为NCR的座右铭。3年后，它随着华特森的离职，变成了IBM的箴言。

其实，"THINK"是华特森从多年的推销经验中孕育出来的。

他在1895年进入NCR当推销员。他从公司的"推销手册"中学到许多推销的技巧，但理论与实际总有一段距离，所以他的业绩很不理想。

同事告诉他，推销不需要特别的才干，只要用脚去跑，用口去说就行了。华特森照做了，还是到处碰壁，业绩很差。

后来，他从困厄中慢慢体会出，推销除了用脚与口之外，还得靠脑。想通了这一点后，他的业绩大增。3年后，他成为NCR业绩最好的推销员。这就是"THINK"的由来。

当然，用脑也有高低之别。德国著名数学家高斯，孩童时代的聪明早被传为佳话。小高斯和同学们在计算1～100之间的自然数之和时，都在用脑。小高斯用脑找了一条捷径，方法得当，不消几分钟就算出5050的正确答案；而其他人则用脑将一个又一个数字相加，费时费力得出的答案还较难保证不出错。这就是聪明的力量。

3. 思路清晰，决策高明

聪明人的思路是清晰的，而思路清晰的思考源自于思考方法的正确使用。一个思路清晰的人，能够让头脑做出最大限度的运转，借着正确的判断做出高明的决策。

每一位成功者，都具有思路清晰的思考诀窍。思路清晰的思考源自于知识的积累和正确应用，具有这样成功的人才能让头脑做出最大限度的运转。

每个人若想获得成功，就必须学会思路清晰的思考习惯。

首先，思路清晰的人，必能判断正确，从而做出高明的决定。假如能排除无关的事物，直捣问题的核心，你就有可能成为成功的人。

其次，一个思路清晰的人，能以简明的方法，促使别人更了解自己。不论是什么样的机遇，　旦需要展现自己才能的时候，他们必能付之行动，而且必然会获得良好的效果。尤其是在现代的社会竞争里，能有效地表达自己的意念的人，成功的机会一定更多。

每个人都有可能把自己训练成为一名思路清晰的思考者。虽然思考的过程是相当复杂的，但它基本上可分成四个阶段。若能仔细研究这些步骤，判断力必能获得相当的改善。

（1）找出问题核心

开始时必须了解问题的所在，否则必定无法深入问题核心。有些人常常在思维定式的老路子上徘徊，做不了决定，原因就是没有找到问题的症结所在。犹如一道简单的数学题，如果不了解题的目的，就无法解题。

一个简单的例子，如果有人因为靴子磨脚，不去找鞋匠而去看医生，这就是不会处理问题，没有找到问题的核心。从这里我们就可以理解，为什么去掉枝节、直捣核心是最重要的步骤了，否则，问题的本身和影子会扭成一团而理不清楚。有了问题时，就该想想这个例子，一定要把握住问题的核心。能够找出问题的核心，并简洁地归纳总结出来，问题就已解决一大半了。

（2）分析全部事实

在了解到真正的问题核心后，就要设法收集相关的资料和信息，然后进行深入的研讨和比较。应该有科学家搞科研那样审慎的态度。解决问题必须采用科学的方法，做判断或做决定都必须以事实为基础，同时，从各个角度来分辨事理也是必不可少的。

例如，现在有一个简单的问题，为解决这个问题就在备忘录上列出两栏，一栏分别列出每一种解决方案的好处，另一栏列出各种方案的弊端，同时把相关的事项全部记入。之后，就可以比较利害得失，做出正确的判断。

一旦有关资料都备齐后，要做出正确的决定就容易多了。收集相关资料，对于理性思考的产生非常重要。

（3）谨慎做出决定

在做完比较和判断之后，很多人往往马上就能做出结论。其实，下结论不必过早，试着以一天的时间把它丢在一边，暂时忘掉。也就是说，在对各项事实做好评估之后，就要把它交给自己的潜意识去处理，让这位善于解决问题的老手，帮助自己做出最后的决定。

或许，新的判断或决定就会浮上心头，等重新面对问题时，答案已出现了。

这时，还是不要立即并准备付诸行动。请冷静一下，现在应该考虑做个试验，由于经验的关系，潜意识所做的判断，还无法做到天衣无缝的地步。

（4）小型试验在先

思考方案在付诸实施之前，必须先做小型试验，以求实践检验出自己思考的正确与否。

不妨先对一两人或两三种情况做试验，这样就能了解想法和事实有无出入。如有不符之处，要立刻修正。

做到这个地步，基本就算妥当了。经过以上的步骤，事实的评价、拟订计划、小型试验等，然后就可导人最后的决定。这样在无形中，就形成了一次思路清晰的思考过程。

4. 专注于思考某一个问题

你是否有时会觉得你的头在旋转而无法集中你的注意力，无法正确地思考问题，感到无法自控，困惑不安？你是否会对某些事感到害怕或很担心？如果你需要清晰的思路来帮助你取得你所期望的结果，你需要集中自己的注意力。

大多数人在思考一个问题时，大脑里都会想着另一些问题。我们不会完全地集中于此时此刻所发生的事上。我们的头脑每时每刻都在进行着交谈以及拥有各种各样的意识流。此刻你的头脑里正在进行着什么样的交谈呢？你把多少注意力集中于这本书上？你的思维是否已游离至别处？

如果你的思维不可控制地会转移到那些令人分散注意力或使人苦恼的事上（过去已发生，现在有可能会发生或将来会发生的事），那就说明你并没有把你的注意力集中于你目前的问题，你的大脑在想一些其他的事。

注意力就好像一只被锁链套住的小狗，很容易为新奇事物所分散。我们要将心思集中在解决问题的核心上却相当的困难，大多数人在顷刻间便让注意力飞离了问题的核心。

当我们在做判断时，整个心思必须停留在特定的问题上。当然你也必须了解，事实上心思无法完全做到集中在整个问题上，所以我们的思考过程经常容易受到外界的影响。

因此，我们在思考某一问题时，应该将相关因素全部写出。

当我们拿出纸笔之际，应该能全面了解正在进行的事态。我们之所以对自己该决定而未能做出决定的原因之一，就是深恐一旦实行了自己所做的决定会惨遭败绩。这个恐惧心理正是让我们迟疑不决的重要因素。一旦拿起笔纸，正视事情的存在，我们这种畏惧的心理就会自然消失。当我们消除了畏惧的因素之后，对于自己的决定也就不再存在疑惑了。

现实的恐怖，并不如想象的恐怖来得可怕。面对恐怖，越是了解其真面目，就越不感觉它的恐怖之处。

要如何决定才是正确的呢？如果连自己也不知道的话，我们建议不妨试着将可以衡量的相关因素全部写出来。以一位准备"跳槽"的先生为例，将各种相关因素全部列出。

· 如果转任新职的话，每年可增加1万元的收入。

· 但我在原公司工作10年的资历势必牺牲。

· 我的年终奖金恐怕也就没了。

· 新公司的工作环境较好。

· 新公司的工作感觉较辛苦。

· 现在我的工作能力已到了目前薪水的界限。

· 我已40岁了，并不想去冒很大的风险。

· 我不想碰运气。

· 我喜欢认真工作的人，对于新公司的人际关系我并不是很了解。

· 新公司是成长性远大的公司。

将这些必须考虑的因素列出表来，比其他任何方法更能帮助你做出明智的决定。这个技巧的确可以提供给你一个思考的新基础。

只凭着空想而期望正确的思考结果是非常困难的，但只要将解决问题的想法写在纸上，便很容易集中精神做出正确的思考。

因此，我们应将注意力集中于第一目标上。在第一目标找出之后，应清楚地写在一张明信片大小的纸上，然后把它贴在自己容易看见的地方，譬如洗脸台旁、梳妆台镜子上等，甚至每天在睡觉前或起床后，便面对它大声念一遍。脑中有空闲的时候，也可思考如何解决这件事情，并常常想象自己成功时的情景以鼓励自己。

如此持续一段时间之后，相信你会愈来愈感觉到自己正在走向目标的途中。但必须注意，这种方法肯定需要经过一段时间后才会显出它的成绩，如果只做一两天，是不可能收到什么效果的。此外，这种强化欲望强度的方法必须以积极的态度从事，否则就没有意义了，而且任何一丝消极的意念都有可能前功尽弃。若想经常维护强烈的欲望，信心是不可或缺的灵丹妙药。但话又说回来了，灵丹妙药服下之后，也还是需要一段时间才能遍布全身。

经过一段时间之后，通过你的思考，卡片上的文字逐渐产生了变化——原本困难的问题已经转变成清晰的解决问题的思路，这便奠定了你冲破人生难关的基础。

5. 保持头脑的清醒

行成于思，毁于随。人在任何环境、任何情形之下，都要保持一个清醒的头脑，要保持正确的判断力。在人家失掉镇静手足无措时，你仍保持着镇静；在旁人做着可笑的事情时你仍然保持着正确的判断力，能够这样做的人才是真正的杰出人才。

一个易于慌乱、一遇意外事便手足无措的人，必定是个尚未思考成熟的人，这种人不足以交付重任。只有遇到意外情况不慌乱的人，才能担当起大事。

在很多机构中，常见某位能力平平、业绩也不出众的雇员担任着重要的职位，他的同事们便感到惊讶。但他们不知道，雇主在选择重要职位的人选时，并不只是考虑职员的才能，更要考虑到头脑的清晰、性情的敦厚和判断力的健全。他深知，自己企业的稳步发展，全赖于职员的办事镇定和具有良好的判断力。

一个头脑镇静的伟大人物，不会因境地的改变而有所动摇。经济上的损失、事业上的失败、环境的艰难困苦都不能使他失去常态，因为他是头脑镇静、信仰坚定的人。同样，事业上的繁荣与成功，也不会使他骄傲轻狂，因为他安身立命的基础是牢靠的。

在任何情况下，做事之前都应该有所准备，要脚踏实地、未雨绸缪，否则，一旦困难临头，就会慌乱起来。当大家都慌乱，而你能保持镇定之时，这就给予了你极大的力量，你就具有了很大的优势。在整个社会中，只有那些处事镇定，无论遇到什么风浪都不慌乱的人，才能应付大事，成就大事。而那些情绪不稳、时常动摇、缺乏自信、危机一到便掉头就走、一遇困难就失去主意的人，一辈子只能过着一种庸庸碌碌的生活。

海洋中的冰山，无论风浪多么狂暴，波涛多么汹涌，那矗立在海洋中的冰山，仍岿然不动，好像没有被波浪撞击一样。这是为什么呢？原来冰山庞大体积的7/8都隐藏在海面之下，稳当、坚实地扎在海水中，这样就无法被水面上波涛的撞击力所撼动。

思想上的平稳与镇静是思想成熟的结果。一个思想偏激、头脑片面发展的人，即使在某个方面有着特殊的才能，也总不如成熟的思想来得好。思想的片面发展，犹如一棵树的养料全被某一枝吸去，那枝条固然发育得很好，但树的其余部分却萎缩了。

许多才华横溢的人也曾做出种种不可理喻的事情来，这可能是因为判断力低劣的缘故，而这都妨碍了他们一生的前程。

一个人一旦有了头脑不清楚、判断力不健全的败名，那么往往终其一生事业都会没有进展，因为他无法赢得其他人的信任。

如果你想做个能得到他人信任的人，要让别人认为你的头脑清晰，判断准确，那么你一定要努力做到件件小事都处理得当，冷静对待。有些人做事时，尤其是做琐碎的小事时，往往敷衍了事，本来应该做得好些，可是他们却随随便便，这样无异于减少他们成为镇静人物的可能性。还有些人一旦遇到了困难，往往不加以周密的判断，而是贪图方便草率了事，使困难不能得到圆满的解决。

如果你能常常迫使自己去做你认为应该做的事情，而且竭尽全力去做，不受制于自己那贪图安逸的惰性，那么你的品格与判断力，必定会大大地增进。而你自然也会为人们所承认，被人们称为"头脑清晰、判断准确"的人。

6. 善用逻辑思维，洞穿事物本质

思维是人类所独有的一种精神活动。

从清晨的第一缕曙光悄然探进窗口时起，我们就启动了我们的思维活动。它帮我们理清思绪，制订出一天的工作学习计划，帮我们分清轻重缓急，使我们在繁忙的一天当中，能有条不紊地、高效率地做出成绩来。

我们对待任何事情，都要讲究方式方法，做到使用得当，使其发挥出更大的作用来。思维也是如此，虽然人人都具有，但因每个人运用的方式方法不同，所取得的效果也决然不同。

正确、妥当地运用逻辑思维能力，能透过许多事物的表象，像千里眼一样，看得既远而且一下洞穿其本质；运用得不当，不但分析、判断不清楚，推理也会背离逻辑，弄得不好，还会搞出令人啼笑皆非的笑话来。

两位美国专家，一起去埃及参观金字塔，白天游玩了一整天，晚上就早早地住在了一个小镇上。

专家甲留在房间里专注地写日记，专家乙则独自一人到夜市去溜达。闲转中，他无意间发现路旁有一位老太太在卖一只黑色的玩具猫，据老太太讲，这"猫"是她的祖传之物，若不是孙子得了急病无钱医治，还真舍不得拿出来卖呢。

"那多少钱？"

"500元。"

专家乙漫不经心地把玩着，突然他的眼睛一亮，他发现了什么？原来猫的两只眼睛是两颗巨大的珍珠。他还价300元就买"猫"的两只眼睛，老太太急着用钱便勉强同意了。

专家乙把"猫眼"带回旅馆，眉飞色舞地向专家甲介绍了得宝经过。专家甲听完，连忙放下手中的笔，赶去用200元买回了那只无"眼"的"猫"。

专家乙讥笑专家甲太傻，花200元买一只铸铁的"猫"，太不划算了。

专家甲不理他的唠叨，取出一把水果刀，轻轻朝"猫"身上一刮，立时一缕灿烂的金光骤然迸射。他大喜地叫道："果然不出我的所料，这只'猫'是用黄金做的。"

这时专家乙十分后悔，自己为什么刚才不连同"猫"一起买回来？同时又想不通，于是问专家甲："你怎么确定它是用黄金做成的呢？"

专家甲回答："你这个人虽然知识渊博，但不善于想象。你怎么不动动脑筋，既然'猫'的眼睛是用珍贵的珍珠做成的，它的身子怎么会用不值钱的铸铁打造呢？"

事实上，专家乙只是利用了思维定式进行了分析判断，他得出的结果是一个整"猫"才卖500元，仅花300元买两只珍珠做的眼睛是很划算的。于是便乘兴而返。

专家甲却是这样利用思维进行逻辑推理的：既然"猫"的眼睛是用珍珠做成的，那么，"猫"的身体绝不会用铸铁打造。尽管它通体漆黑，与一般的铸铁无异。两颗珍珠镶嵌在铸铁这个普通物件上显然是不合逻辑的。结果他捧回了一只金"猫"。不应该说他值得花200元，而应说他确实独具慧眼。

无独有偶，我国宋代大文豪欧阳修在他所著的《日知录》里，也给我们讲了一个非常有趣的故事。

洛阳城有个非常富有的人叫钱思公。此人生性节俭，从不轻易花一文钱。就连对他的几个儿子也是如此，除非逢年过节，休想得到一点儿零花钱。钱思公家里珍藏着一个用珊瑚做成的笔架。笔架雕工精细，小巧玲珑，深得钱思公的喜爱，每天都要细心地把玩一番，两眼只要一盯上它，就会闪闪放光。不知从哪天起笔架不翼而飞，他便情绪不宁，坐卧不安。万般无奈，只好咬着牙悬赏1万枚钱寻找。

他的几个宝贝儿子很快便摸准了老爸的脉，哪个缺钱花了，就去偷偷地将笔架给藏起来，钱思公一日不见笔架便六神无主，马上悬赏1万枚钱，笔架便被那个儿子给找回来。那1万枚钱当然落入了儿子的腰包。

过了一段时间，又有哪个儿子手头紧巴了，就会如法炮制一番。

总之，这样的事情，在钱思公家里一年要发生六七次。

这个可怜的钱思公，见只要有赏钱可出，笔架就会失而复得，也从未往深里想。

这一切告诉我们，一定要善于利用自己的逻辑思维能力，就像有双火眼金睛一样，能够透过各种扑朔迷离的假象，洞悉事物的本质，为自己做出正确的决策提供最为可靠的依据，使成功显得轻而易举。反之，不但一叶障目，满眼迷乱，而且在遭受失败的同时，还会授人以笑柄。

7. 先想"要怎样才能做到"

在"奥运"两个字一再地牵动我们的神经时，人们可曾想到：20多年前的奥运会主办权并不那么受人欢迎。在1984年以前的奥运会主办国，几乎是"指定"的。对举办国而言，往往是喜忧参半。能举办奥运会，自然是国家民族的荣誉，也可以乘机宣传本国形象，但是以新场馆建设为主的强大硬件软件投入，又将使政府负担巨大的财政赤字。1976年，加拿大主办蒙特利尔奥运会，亏损10亿美元，预计这一巨额债务到2003年才能还清；1980年，苏联莫斯科奥运会总支出达90亿美元，具体债务更是一个天文数字。奥运会几乎变成了为"国家民族利益"而举办，为"政治需要"而举办。赔老本已成奥运定律。最好的自我安慰就是：有得必有失嘛！

直到1984年的洛杉矶奥运会，美国商界奇才尤伯罗斯接手主办奥运，运用他超人的智慧，改写了奥运经济的历史，不仅首度创下了奥运史上第一巨额盈利纪录，更重要的是建立了一套"奥运经济学"模式，为以后的主办城市如何运作提供了样板。从那以后，争办奥运者如过江之鲫，就连一些比较贫穷一点的第三世界国家也怦然心动，趋之若鹜。因为名利双收，那是铁定的，借钱也干得！

一定程度上，尤伯罗斯的智慧是被"逼"出来的。鉴于其他国家举办奥运的亏损情况，洛杉矶市政府在得到主办权后即做出一项史无前例的决议：第23届奥运会不动用任何公共基金。

尤伯罗斯接手奥运会策划工作之后，发现组委会竟连一家皮包公司都不如，没有秘书、没有电话、没有办公室，甚至连一个账号都没有。一切都得从零开始，尤伯罗斯决定破釜沉舟。他以1060万美元的价格将自己的旅游公司股份卖掉，开始招募雇用人员，然后以一种前无古人的创新思维定了乾坤：把奥运会商业化，进行市场运作。

尤伯罗斯开动脑筋，苦思冥想之后，打出了旨在开源节流的四张牌。

第一张牌，减少开支。

尤伯罗斯认为，自1932年洛杉矶奥运会以来，规模大、虚浮、奢华和浪费成为时尚。他决定想尽一切办法节省不必要的开支。首先，他本人以身作则不领薪水，在这种精神感召下，有数万名工作人员甘当义工；其次，沿用洛杉矶现成的体育场；第三，把当地的三所大学宿舍做奥运村。仅后两项措施就节约了数以十亿的美金。点点滴滴都体现其超常的智慧。

第二张牌：举行声势浩大的"圣火传递"活动。

奥运圣火在希腊点燃后，在美国举行横贯美国本土的1.5万公里圣火接力跑。用捐款的办法，谁出钱就可以举着火炬跑上一程。全程圣火传递权以每公里3000美元出售，1.5万公里共售得4500万美元。尤伯罗斯实际上是在卖百年奥运的历史、荣誉等巨大的无形资产。

第三张牌：狠抓赞助、转播和门票三大主营收入。

尤伯罗斯出人意料地提出，赞助金额不得低于500万美元，而且不许在场地内包括其空中做商业广告。这些苛刻的条件反而刺激了赞助商的热情。一家公司急于加入赞助，甚至还没弄清所赞助的室内赛车比赛程序如何，就匆匆签字。尤伯罗斯最终从150家赞助商中选定30家。此举共筹到1.17亿美元。

最大的收益来自于独家电视转播权转让。尤伯罗斯采取美国三大电视网竞投的方式，结果，美国广播公司以2.25亿美元夺得电视转播权；尤伯罗斯又首次打破奥运会广播电台免费转播比赛的惯例，以7000万美元把广播转播权卖给美国、欧洲及澳大利亚的广播公司。

门票收入，通过强大的广告宣传和新闻炒作，也取得了历史最高水平。

第四张牌：出售以本届奥运会吉祥物山姆鹰为主的标志及相关纪念品。

结果，在短短的十几天内，第23届奥运会总支出5.1亿美元，盈利2.5亿美元，是原计划的10倍。尤伯罗斯本人也得到47.5万美元的红利。在闭幕式上，国际奥委会主席萨马兰奇向尤伯罗斯颁发了一枚特别的金牌，报界称此为"本届奥运会最大的一枚金牌"。

尤伯罗斯的四张牌，其价值不可估量。而这一切，皆源于其敢于挑战"不可能"的任务以及其高人一筹的思路。

还有一个"三三三的故事"也告诉我们：许多看似"不可能"的事情，我们其实是可以做到的；只要我们把焦点放在"如何去做"，而不是想着"这是不可能的。"那是发生在一次飓风袭击之后，一个叫作巴尔的小镇有12人死亡，上百万元的财产损失。普克特和无线电台的副总裁鲍伯想利用在安大略至魁北克一带的电台帮助小镇上的灾民。鲍伯召集了无线电台所有的行政人员到他的办公室开会。他在黑板上写下3个并列的"3"，然后他说："你们想如何能利用3个小时，在3天中筹到300万美元好去帮助巴尔的灾民吗？"会场一阵静默。终于有人开口："谭普尔顿，你太疯狂了，你知道这是绝对不可能做到的。"

鲍伯回答:"等等,我不是问你们……我们'能不能'或是我们'应不应该'。我只问你们……'愿不愿意'。"大家都异口同声说:"我们当然愿意。"于是,鲍伯在3个并列的"弓"下面画了两条路。一边写着"为什么做不到",另一边写着"如何能做到"。鲍伯在"为什么做不到"的那边画个大叉。说:"我们没有时间去想为什么做不到,因为那样毫无意义。重要的是,我们应该集思广益,把一些可行的办法写下来,好让我们能达到目标。现在开始,直到想出办法来才能离开。"又是一阵静默。过了好久,才有人开口:"我们制作一个广播特别节目在全加拿大播放。"鲍伯说:"这是个好办法。"并且随手写下。很快就有人提出异议:"这节目恐怕没办法在全加拿大播放,我们没那么多电台。"这的确是个问题,因为他们只拥有安大略到魁北克的电台。鲍伯反问:"就是没那么多电台才可能,维持原议。"这真是很困难,因为各个电台业务都相互竞争,照常理而言,是很难结合各个电台来一起合作的。忽然有人提议:"我们可以请广播界赫赫有名的哈维·克尔以及劳埃·罗伯森来承包这个节目啊!"很快地,就有许多令人惊讶的妙办法陆续出现。讨论后,他们争取到50个电台同意播放这个节目。没有人抢功,只想着能不能为灾民多筹些钱。结果,在短短三个小时的节目里,在三天内,募捐到了300万。

思路决定出路。一开始就将思路的"路"用"不可能"三个字堵死,出路自然也被堵死。从现在起,在我们面临困境时,不要先想"可能不可能"做到,而要先想"要怎样才能做到"。也许,眼前的路就会豁然开朗。

想象源于生活现实

佛经上有这样一个故事:

弟子问佛祖:您所说的极乐世界,我怎么看不见,又怎么能够相信呢?

佛祖把弟子带进一间漆黑的屋子，告诉他：墙角有一把锤子。

弟子不管瞪大了眼睛，还是眯成小眼，仍然伸手不见五指，只好说我看不见。

佛祖点燃了一支蜡烛，墙角果然有一把锤子。

有时候，我们为了一件事苦思冥想也没有头绪，很可能只是因为我们没有点燃那支蜡烛而已。

唯有点亮心中的蜡烛，用眼睛仔细观察身边的世界，你就会有"对，就是那样"的感觉，在刹那间和自己的心意相通。

接下来，如果你能接连不断地想到"既然是这样，那么也可以……"的话，如此一来你就会有很棒的想法，最后就看你有没有把这个想法化为实际行动的毅力了。

1. 多观察身边的世界

在我国的每一座城市里，都悬挂着成千上万的广告招牌。这些招牌由于暴露在外，日晒雨淋、风吹霜打之后，不是锈迹斑斑，就是缺笔少画。这种现象在全国都存在，在人们眼里显得很"正常"。

在深圳打工的湖南桃江县的龙某却从这种"正常"的现象里看到了赚钱的机会。他先是跑了几家广告装潢公司，假称是某酒店的后勤人员，想请装潢公司补一个字，但这些公司谁都不愿意去，愿意去的也把价格开得跟做一个新招牌不相上下。然后，龙某又马不停蹄地找了15家广告招牌有残字的单位，假称自己是广告装潢公司的业务员，询问那些单位是否愿意把招牌修整好，这15家单位居然有9家一口答应。

月薪三四百元的龙某在掌握了上述情况后，毅然辞了职，凭一辆旧自行车和一台二手机，开始了广告招牌补字和翻新业务。

现在，龙某已在深圳、广州、东莞、中山和长沙成立了招牌清洁公司。

公司配备了作业专用车，他自己也买了别墅及高级小轿车。

一般人都会忽略身旁的小事，因为认为小事没什么，可是如果能留意小事的起源，说不定也能为自己赚来意想不到的财富。

日本的池田菊博士很善于从小处着眼，想出重大的点子。

有天在家吃饭时，他用筷子下意识地搅了搅热汤，喝了一口便问妻子说："嗯，味道很鲜美，用了什么作料？"妻子回答说："今天的汤是用海带煮的。"

小孩听了，突然插嘴说："爸爸，海带为什么会有鲜味？"

通常，一般人都不会在意这个小问题，但是池田菊博上却认真地思索着鲜味究竟是怎么来的。他开始分析海带的成分，经过多次加工提炼后，发现一种白色结晶的物质，对调味很有用处，这就是世界上最早发明的味精。后来，他又从其他物品中提取出成本更低的味精，然后申请专利，开办工厂大量生产，结果为他带来巨额的利润。

找出原因，往往能发现其中的奥秘所在，而给自己带来新的发现。如果因事小而不为，或者根本不以为意，只会与赚钱的机会擦身而过。

西方某作家说：对微小事物的仔细观察，就是商业、艺术、科学及生命各方面的成功秘诀，人类的知识都是由世代相传的小事情的积聚，也是从知识及经验的一点一滴汇集起来，继而积成一个庞大的知识金字塔。

随时注意小处，对小处有深刻的认识，大处自然一目了然而不会被忽略，做起事来将会事半功倍。虽然有人认为拘泥小节是小人物的作风，但是能注意到细枝末节，未必就成不了大事；反倒是有财运的人，往往是在小事情上也会十分专注的。

成就事业的机会是流动的，不知道什么时候会轮到自己？相信很多人都曾有过这种感慨，但只要多留意身边的小事情，照样也能获得很多机会。

日本有个家庭主妇，每天在男主人早起时，就会立刻煮面供其充饥，但若是晚起或在深夜，不论煮面或洗碗都很麻烦，这位主妇便想出一种不用煮面也能吃到面的方式，也就是使用一般的塑胶杯，将干面条放进去后，再用保鲜膜盖住，如此男主人回来后，热水一冲即可吃到热乎乎的面。

男主人觉得这个构想很好，便与拉面公司联络，该公司觉得方法可行，便以100万日元买下发明权，这就是今天大家看到的速食面。

好的想法是无所不在的，你不一定要有高深的学识，也不一定要有过人的天赋，但你绝不能缺少敏锐的观察力。

一位美国商人到日本富士山游玩，他忽然想到一个点子：把清凉新鲜的富士山空气罐装成瓶，卖给大城市饱受空气污染之苦的民众以及从未到过富士山的人，然后又连锁进行类似的开发，获得了相当可观的利润。

只要头脑动得快，即使看起来不显眼或习以为常的事情，经过一番改造之后，说不定也会成为生财的工具，就看你想不想得到而已。

2. 从偶然现象中发现契机

在长期的生活实践中，有时会得到一些偶然的发现。说是偶然，其实并不神秘，当人们对所研究的对象还认识不清而又不断和它打交道，就可能出现一些出乎意料的新东西。

对待偶然发现，一是不要轻易放过；二是要弄清它的原因。有些偶然发现，正因为它不在预料之中，正因为它不属于旧的思想体系，正因为它独树一帜，所以往往可以成为研究的新起点，为科学宝库增光添彩。

青霉素的发现就是一个有趣的故事。英国圣玛利学院的细菌学讲师弗来明早就希望发明一种有效的杀菌药物。1928年，当他正研究毒性很大的葡萄球菌时，忽然发现原来生长得很好的葡萄球菌全都消失了。是什么原因呢？经过仔细观察后发现，原来有些青霉菌掉到培养基里去了。显然，消灭这些葡萄球菌的，不是别的，正是青霉菌。

这一偶然事件，导致药物青霉素以及一系列其他抗生素的发明，后者是现代医学中最大成就之一。

"踏破铁鞋无觅处，得来全不费工夫"。其实工夫是花了，而且花得很大，全花在"觅"字上，那证据就是"踏破铁鞋"，如果弗来明不是存心在"觅"，那么再伟大的奇迹也会视而不见的。

要有好的想法不仅要善于观察，而且要善于从已有的发现中找出与之相关的东西。只有那些辛勤劳动，对问题有过长期的苦心钻研，下过大功夫的人，才会有高度的敏感性，才可能达到成功的彼岸。

3. 顺着前人的成果，拾级而上

即使是矮子站在巨人的肩上，也比巨人看得远。这是一个显而易见的现实。

在几千年的文明进程中，已出现了很多的巨人，他们为人类创造了许多灿烂和辉煌的业绩。他们犹如一座座历史的丰碑，诏示着一个又一个几乎无法望其项背的高度。

这时，很多人是望"巨人"而兴叹：他们太了不起了！伟大得让我再生10次也无法赶上，更别说超越了。

其实也未必真的如此。此时你需借助一把梯子，然后顺着梯子拾级而上，登上巨人的肩头，到那时，我们的眼界绝对比巨人看得更辽阔。

那么，什么是我们急需的梯子呢？

简单地说，就是把巨人的成果进行归类，发现他们忽略的冷门，瞄准知识链条上某个薄弱环节，抓住前人因种种原因放弃或疏漏的项目，以此为进攻的突破口，乘虚而入，巧做文章，最终也会取得重要成果。

20世纪30年代初，在美国马洛利公司任职的卡尔森是加利福尼亚大学物理系的毕业生。因他常见到公司的同事在复印文件的过程中，时间占用过多，劳动强度很大，本该轻松完成的工作，成了令人头痛的麻烦事，便想改进一下复印方式。他做了很多的实验，但却没有成功。

后来，他改变了做法，暂时停止了实验，而用大部分的业余时间钻进纽约的图书馆，专门查阅有关复印方面的发明专利和文献资料。经过一段时间的仔细查找，他意外地发现，以往进行的复印，都是利用化学效应来完成的，还没有人涉足光电领域。利用光电效应，从理论上讲，效率要高得多。毫无疑问，这是复印研究开发中的一大盲区。

他瞄准这一盲区开始进行大量的实验，将光电效应和静电原理相结合，终于取得了成功。

另外一个故事也很能说明问题。

中国人、俄罗斯人、法国人、德国人、意大利人都借酒夸耀自己的民族文化。中国人拿出古色古香、酿造精细的茅台，赢得众人称赞。俄罗斯人拿出伏特加，法国人拿出香槟，意大利人亮出葡萄酒，德国人取出威士忌，众彩纷呈。

此时两手空空的美国人不慌不忙，将他们的酒都倒出一点儿，兑在一起，说："这叫鸡尾酒，它体现了美国的民族精神——博采众长，综合创造！"

4.从蛛丝马迹中洞见未来

世上常发生这样的事，我们也常在一些影视报刊中看到这样的事：有的人正在干着很辉煌的事业，仿佛一切顺风顺水，如日中天，不料却一场变故突如其来，事业之舟顷刻轰然坍塌，一切化为乌有。个人也从万众瞩目沦为不名一文,甚至成为乞丐或阶下囚。这在我们的社会中几乎是司空见惯。

叶落知秋,一切事情的或好或坏的结果,都有其预兆,只不过被大家忽略了。比如说地震,我们知道在它发生前就会出现地光、地声等,一些动物也会表现异常,如鸡在半夜时分突然鸣叫,狗无缘由地突然狂吠不止……虽说人生无常,但许多的结局,我们还是可以从平日的所作所为,或其所交往的人员,或所处的环境中,看出一些蛛丝马迹,解读出能预示吉凶祸福的一些密码来。

李琰,唐肃宗的儿子,被封为建宁王。

李琰不但生性聪慧、英明果断,且武功超群,有万夫不当之勇。文韬武略兼备的他深得军中将士的爱戴,大家经常在一起谈论他的才能和武功,说者津津乐道,听者如醉如痴。于是,肃宗皇帝想任命李琰为兵马大元帅,统领大军去东征。

丞相李泌知道后,对肃宗说:"建宁王确实很有才能,从文从武上说,这次东征的元帅当非他莫属,但是有件事您不要忘了,他还有一个哥哥广平王在呢。您把全国的主要兵力都由建宁王带走,他又有很高的名望,那广平王会很不舒服的。如果此次东征失利,那也罢了,如果大获全胜,凯旋而归,建宁王和广平王谁轻谁重,天下人都会了然于胸了。"

肃宗摆手道,"先生大可不必为此担心,广平王乃是我的第一皇子,将来是要继承帝位的,他不该将一个元帅的位置看得太重的。"

李泌回答:"皇上所言极是,可目前广平王尚未被立为储君,外人也都不知道您的想法。再说,难道只有长子才能立为太子吗?在太子未立之时,元帅之位就为万人所瞩目。在世人眼中,也就是谁当了元帅,谁就最有可能成为太子。假如建宁王当了元帅并在东征中立大功,到了那时,陛下您即使不想让他当太子,建宁王自己也不想当太子,可是,那些建功立业的将士们又岂肯甘休呢?如果封赏稍有差池,他们便会借机实行兵变,拥立建宁王为太子,到时形势所逼,建宁王怎能推却?我朝初年的太宗皇帝和太上皇帝玄宗的例子,不就是前车之鉴吗?"

李泌的一席话，使肃宗恍然大悟，于是下令任广平王为天下兵马大元帅，挂印东征。

身为丞相的李泌，通过唐初的玄武门事件，很快洞悉到如果任命建宁王为兵马大元帅，会为将来引来宫廷政变。他超强的洞察力使得一场纷争消弭于无形。

洞察力作为智慧的慧眼，是我们的人生免遭灭顶之灾的探测器，能为我们前进的道路预警。

人人都可以成为发明家

虽说知识就是力量，但即使一个人满腹经纶，若不懂创造与创新的话，也不是一个强者。因为只有创造与创新才能赋予知识活力。

在信息网络时代，电脑代替了人脑部分的记忆功能与推进功能，信息高速公路使人们需要的大量知识和信息可以迅速获得。知识越来越社会化，越来越容易获取，创新因此成了大脑最重要的功能。三百六十行，要想当"状元"，哪一行不需要创新？发展创新思维是摆在人们面前一项艰巨而又必须进行的任务。

应该承认，人人都想创新，每一个人在做新的决策、采取新的措施时，都希望自己这次比上次做得更好，比别人做得更高明。这种力图超越自我、超越他人的意识，构成了创新活动的基本动力。

创新不是科学家和学者的专利，创新思维和创新能力都可以培养。每一个人都有创新的潜能，最大限度地释放我们大脑的创新潜能。在不断的创新中走出一条与众不同的捷径，是决胜竞争时代的唯一法宝。

1. 因循守旧是思想的沼泽地

因循守旧是思想的沼泽地。

因循守旧者的典型特征是我们抱着自己的老观念不放，不去主动接受新鲜的思维，进行脑力革命。这本身就是思维上的惰性使然。

成大事者必须要时刻学会自己洗脑，摒弃因循守旧，创新求变，才会有真正的成功。我们有很多人常抱怨自己脑子太笨，这是因为我们不开动脑筋，在过去的思维模式中僵化着。

成大事者的路上，因循守旧是我们必须克服的一大障碍。不要指望未来某个不确切的时候"情况将会好转"，而将就着过日子。如果我们不改变因循守旧的习惯，那些转机将永远不会有。事物有一个可悲的趋势，那就是它们永远不会自我转变。靠一个精神上的延期计划生活，总是期望和希望，这是无益的，它将永远不会把我们带到某一个目的地。我们可以检测一下，看是否常常对自己说这样的话。

（1）我希望一切都将朝最有利的方面转变。

（2）我愿自己能在这件或那件事上做些什么。

我们承认正是用这些想法在自己周围建立封锁线吗？我们意识到"希望"和"祝愿"这两个词实际上使得你什么也不干吗？坐等不会给你们带来什么，事实上，我们的惰性可能引起一种情感上的麻痹，使我们不能做出一些重要的决定。

要对我们自己说："我已经明白"，并且动手干起来。除非我们去促成事物的转变，否则，未来的情况将是依然如故。

的确，要干，就需付出代价和担当风险，我们的努力也可能会遭到失败；如果我们避免干任何事情，我们也可免遭风险和失败。但是，结果会怎样呢？我们避免可能的失败，同时也就避免了可能的成功。

要找出我们身上因循守旧的原因，可试着问自己这样的话。

（1）计划着一些令人激动的事情，但从来不实行这些计划吗？例如，去休假，或者观光旅游等。

（2）拒绝做任何对自己也许是一种挑战的事情吗？例如，控制饮食，戒烟，或者选修一门大学的课程。

（3）过多地依赖自己的朋友吗？过于沉湎已厌倦的职业吗？过于依靠那些对自己厌烦的亲戚吗？或者过于留恋那已不再令人满意的住房吗？

（4）一旦面临困难的任务或者某个将使自己处于危险境地的场合时，便立即变得忧心忡忡吗？

（5）推迟做那些费力的或令人厌烦的事情吗？如清扫房间、修车、修剪草坪，或者写信。

有这么一些人，他们要做的事情是如此之多，以致分散了自己的精力，周而复始地忙这忙那，整天被一些细枝末节的小事拖累着，使自己离成功越来越远。如果我们认为自己可能是属于这类人，那么我们可以问自己这样的问题：

（1）因为有一些"重要的事情"要做而推托自己亲爱的人们的要求吗？

（2）由于首先必须照顾别人或者自己的职业而放弃了自己的幸福吗？

（3）总是忙得没有一点儿自己可支配的时间吗？

（4）因为家里或者办公室里有那么多活儿要干，以至于放弃了一个休假、一场电影或戏剧演出吗？

认真地考虑这些问题，我们将很容易地确诊出自己因循的根源所在。从根本上说来，因循就是害怕担当风险。当我们对那些熟悉的然而也是有害的信号做出反应时，我们至少能够心安理得地（或者是不怎么舒服地）维持现状。因循守旧确实称得上是生活的防身甲。

克服因循守旧的坏习惯并不像我们所认为的那么困难。我们所必须做的一切便是，我们现在就必须行动，而不是等到明天或者下个星期；关掉我们正在看着的电视连续剧，立即着手写我们的学术论文；放下我们正在读的杂志，去打那些令人担惊受怕的电话；放下那一片送到嘴的饼干，开始我们的饮食控制；立刻参加某一个自去年就吸引着我们的课程学习；现在我们从钱包里取出10美元，开辟一个特别储蓄，以备我们一直期待着的某次休假之用。

2. 突破思维观念，顺应不如引导

好莱坞大导演史蒂芬·斯皮尔伯格，生长在充满了暴动、变数、不安，以及恐惧的美国20世纪60年代——彼时肯尼迪总统被刺身亡，震惊朝野，粉碎了不少美国人对未来所向往的美好愿望。接着一连串挥之不去的梦魇接踵而至，如越战、水门事件、中东战争——诸多的不顺，使得社会也起了连锁反应，人们对未来没有信心，部分人选择了颓废与放弃，借毒品麻醉自己。而不愿颓废的激进派，则选择了社会运动来发泄自己，反战示威等社会运动接连不断。

在这期间，一些反映时事的电影，如《越战猎鹿人》《现代启示录》《归乡》等陆续登场，灰色电影节笼罩的灰色气氛，让人更喘不过气来。

这时，史蒂芬·斯皮尔伯格却正孕育着不同的思维，跳脱了好莱坞电影传统风格，企图以说事故的形态，将观众带到一个光与影交替、过滤了不安与无奈的梦想世界——他企图以爱唤起人们对人生的信心。这就使得他更先别人一步进入了人们的内心，也从而奠定了成功的基础。

他完全突破了传统电影的制作、拍片手法，许多不可能的事，在他的电影中——成为了事实。

斯皮尔伯格所制作或导演的电影，不但叫好也叫座，同时获得票房与艺术的肯定，并为全世界的影迷所喜爱。他成功了，那是因为他懂得求新、求变，并且以不顺应潮流的思维观念，适时创新及突破。

他的制作与导演的技巧，带领着好莱坞电影城走进高科技与艺术的最高境界，不但为好莱坞电影的历史添上了辉煌的一页，更成为近年来电影制作上的一股新潮流。

史蒂芬·斯皮尔伯格所执导的电影，如《大白鲨》《侏罗纪公园》《夺宝奇兵》《外星人》《回到未来》《紫色姊妹花》《直到永远》《辛德勒名单》等，每一部片子都创下了电影史上最卖座的票房纪录。

1998年6月6日，巨片《彗星撞地球》，还未上演就造成了轰动。观众引颈期盼，都希望早日能够看到此片。这是斯皮尔伯格的"梦工厂"第一部科幻灾难影片，片中描写地球面临着一场有史以来最大的劫难，彗星与地球相撞，引发了一场无以挽回的空前大灾难。

斯皮尔伯格跳脱了现在的时空观念，以反向思考的虚拟方式，来假设地球和彗星相撞的情景。片中以极高超的电脑模拟场景与电脑科技特效，制造了电影史上，史无前例的灾情写真，过程紧张，扣人心弦，观众仿佛置身于灾难之中，觉得回味无穷。

斯皮尔伯格的这种求新求变的思维，正是他成功的最大原因，在其他导演始终带领观众周旋在传统风格的旋涡之中时，斯皮尔伯格以崭新的导演手法，独特的故事结构，引领观众跳出了这个旋涡，引导了一个新潮流，建造了一个让人心安，无惧风雨的避风港。

3. 灵感是成功的井水

"灵感是成功的井水"，皮鲁克斯这样说。现代社会竞争激烈，似乎能想到的竞争招数都已出齐，然而，仍有人灵机一动，新招数不断出世。

美国有位叫米曼的女士。她发现，她穿的长筒袜老是往下掉，如果是逛公园或去公司上班，丝袜掉下来是一件多么尴尬的事，就算偷偷地拉也是不雅。又想，这种困扰，其他妇女也一定会遇到，于是她灵机一动，她开了一间袜子店，专门售卖不易滑落的袜子用品。袜子店不大，每位顾客平均可在1分半钟内完成现金交易。米曼目前分布在美、英、法三国的袜子店多达120多家。碰到袜子往下掉的女士何止千千万万，但能够触发灵感要开一间袜子店，解决这个小尴尬的人却寥寥无几。由此可见，在生活中做个有心人，将会受益无穷。

灵感会启发人们创造新意念、新发明。

医疗用听诊器是这样发明的。200多年前，法国医生拉哀奈克一直希望制造一种器具，用来检查病人的胸腔是否健康。有一天，他陪女儿到公园玩跷跷板，偶然发现，用手在跷跷板的一端轻敲，在另一端贴耳倾听，竟清楚听见敲击声。这位医生得到启发，回家用木料做成一个状似喇叭的听筒，把大的一头贴在病人的胸部，小的一头塞在自己的耳朵里，居然清晰地听见病人的胸腔发出的声音。这便是世上第一部听诊器。

这些具有创造力的人无疑是聪明的，但并非天才。他们所面对的启示别人也能遇到，只不过他们能进出灵感的火花，而别人依旧茫然。这都是因为他们很敏感，联想丰富，很留心身边的一切事情，是个生活的有心人。

第六感官的真实性已得到公认。这种第六感官是创造性的想象力。创造性的想象力是大多数人都有过的，但却很少用到，就算用到了，也只是巧合。相形之下，处心积虑、胸有成竹地来运用第六感官的人是少数。自动自发的这种能力，并且对第六感官的用途了若指掌的人，就是天才。

在人类无限的心智和宇宙的无穷大智之间，创造性的想象力是直接的桥梁。所有宗教上所谓的启示，和所有发明领域中的基本定律、新原理、新法则，都是借着创造性想象力，才发现的。

思想观念闪现在脑海中的时候，我们常管它叫"灵机一动"，而这些"一动"，则是起自于以下源头之一，或起自一个以上的来源。

（1）无穷大智。

（2）储存每一种感官印象的潜意识，其中囤积了经由任一种五官知觉发派至脑部的思考动力。

（3）从另外某一个人心中，经由自觉的想法，释出的观念或图像。

（4）从另一个人的潜意识宝库里。

除此之外，没有其他已知的源头，能发出"灵感"或"灵机一动"的思想观念。

伟大的艺术家、作家、音乐家和诗人之所以伟大，是因为他们培育了一种习惯，借创造性想象力的能力，听到由内而发的"沉稳的内心细语"。有"敏锐"想象力的人都知道这个事实，最好的主意是"灵机一动"而来。

有位伟大的演说家，原本不成气候，直到有一天，他闭上眼睛，并完全仰赖创造性想象力，才渐入佳境。被问及他为何在演讲达到最高巅峰之前闭上眼睛时，他答称："因为只有这样，我才能由内心萌发点子，再说出来。"

美国最负盛名的金融业巨子之中，就有一名在做重大决策之前，有闭上眼睛两三分钟的习惯。有人问他为什么，他答说："闭上眼睛，我能取用更高智能的活水源头。"

4. 制胜要用奇招

日本的旅店多如繁星，如果不出奇创新，要想取得好业绩，真是难上加难。大阪有田观光饭店的经理宇野，深深懂得这个商业诀窍，首创出太空温泉浴，结果轰动了旅游界。

原来，宇野请电力建筑部门在饭店前方的两座山间，安装了离地200米高的电缆，电缆上悬吊着一个温泉澡池，用电缆车将它们联结起来。使用时，操纵电钮，温泉澡池随电缆车上下飞驰。每个空中澡池可容2人，10个澡池一次可载客20人。客人泡在澡池中，一边洗温泉澡，一边居高临下地饱览湖光山色。"抬首望红日，低头看青山"，使人有了飘飘欲仙的感觉，也给人增添了人间天堂的无穷雅趣。难怪宇野这个绝招一问世，有田观光饭店几乎天天客满，日本各地赶来猎奇观光的客人每天竟有1000余人，节假日饭店更是住不下。别说有田饭店本身，就连附近的小客栈、小饭店也跟着沾了大光，把生意全给带上去了。

宇野首创半空温泉浴的成功，引起了同行和记者的浓厚兴趣。他们纷纷追问他的经营诀窍，宇野笑着回答：

"其实这也不神秘。满足人们的好奇心和提供最佳服务，本是服务行业两个不可缺少的着眼点，它们的关系就像一枚钱币的两面，缺一不可。到观光饭店投宿的客人，如果既能享用全身浸泡温泉之中舒心惬意的滋味，又能领略到半空中饱览山水风光的新奇刺激，那紧张工作的疲劳和烦恼就能烟消云散，他们即使多花一点钱也是心甘情愿。所以，拥有一个切实可行的新奇想法，这就是经营制胜的要诀。"

如何驾驭那些飘忽不定的精灵——新奇的想法？

（1）及时记录下来一些想法

人们在工作、生活、交际和思考过程中，常会出现许多想法，而其中的大部分都会因为不合时宜而被人们放弃直至彻底忘却。

其实，在创新领域里，从来就不存在"坏主意"这个词汇。三年前你的某个想法也许不合时宜，而三年后却会成为一个真正的好主意。更何况，那些看来是怪诞的远非成熟的想法，也许更能激发你的创新意识。

如果你能及时地将自己的想法记录下来，那么，当你需要新主意时，就可以从回顾旧主意着手。而这样做，并不仅仅是为了给旧主意以新的机会，更是一种重新思考，重新清理整合的过程，在这个过程中，可以轻易地捕捉到新的创新性的思想。

（2）自己向自己提问

如果不问许多"为什么"，你就不会产生创新性的见解。

为了避免这个常犯的错误，成功总是透过所有的表面现象去寻找真正的问题。他们从来不把任何事情看作是理所当然的结果；他们也从来不把任何事情看作是水到渠成的过程。

那些不明确的，看来似乎是一时冲动之中提出来的问题，往往包含着更多的创新思维的火花。

（3）经常表达出自己的想法

如果你有了想法，不管是什么样的想法，你都应当表达出来。如果是独自一人，你就对自己表达一番；如果你身处群体之中，不妨告诉其他人，以便和你共同进行探讨。

一个人一生中的大多数想法，都被无意识的自我审查所否决。这种无意识的自我审查机制将一切离奇的想法都当作"杂草"，巴不得尽快地加以根除。

循规蹈矩的心境里没有"杂草"，但循规蹈矩的心境也没有创造力。你想要的创造力，就必须照料好每一株"杂草"，把它们当作一株有潜在经济价值的新作物。

把你的不寻常的离奇想法说出来，把它们从头脑中解放出来。一旦它们进入到交流领域之中，便能够免受无意识领域中自我审查机制的摧残。这样做，使你有机会更仔细更充分地去审视、探索和品味，去发现它们真正的实用价值。

（4）永远充满着创新的渴望

满足于现状，就不会渴望创造。没有乐观的期待，或者因为眼前无法实现而不去追求，都会妨碍创造力的发挥。

发明家和普通人其实是一样的人，所不同的是，他们总是希望有更好的方法。

系鞋带时，人们希望有更简便的方法，于是便想到了用带扣、按扣、橡皮带和磁铁代替鞋带；煮饭时，人们希望省去擦洗锅底的烦恼，于是便有了不粘锅的涂料……

所以这一切，都来源于改进现状的愿望。

（5）换一种新的方法来思考

墨守成规不可能产生创新力，也无法使人脱离困境。

有人喜欢用比较分析法来思考问题。面临选择，他总是坐下来将正反两面的理由写在纸上进行分析比较。也有人习惯于用形象思维法，把没法解决的问题画成图或列成简表。能不能换一种方法去思考，或交替使用各种不同的思考策略呢？

试试看。也许，最困难的选择也会迎刃而解。

（6）有了创新性的想法，一定要努力去实施

有了创新性的想法，如果不去努力实施，再好的想法也会离你而去。想努力去做，却又因为短期内收不到成效而不持之以恒，你也会同成功失之交臂。

爱迪生说："天才是百分之一的灵感加百分之九十九的汗水。"这是他的至理名言，也是他的经验之谈。坚持努力，持之以恒，才会如愿以偿。

另外，创新与创造的能力与年龄有一定的关系。心理学家在研究中发现，创新与创造的最佳年龄是在25~40岁之间，这是一个最容易取得成功的黄金时代。

而另外一位学者麦尔斯则认为：在18~49岁这个年龄段，人的各种能力的发展几乎都处于最高水平，尤其是比较和判断能力，这对于创新与创造是非常有益的。

一个权威机构曾做过一次统计，发现在600～1960年之间做出过1911项重大科学创造的1243位科学家和发明家，获得成就的最佳年龄，也是在20～40多岁之间。

创造与创新有个最佳的年龄段，并不等于排斥人们在其他年龄段做出成就的可能性。莫扎特5岁时发现了三度音程，并据此谱写了小步舞曲。而摩尔根发表基因遗传理论时，却已是60岁的老人了。一些科学家、政治家和企业家50岁以后的智力水平甚至高于他们的年轻时代。

5. 学会逆向思考

善于改变自己的思维，不按照常理去想问题，就会取得非同一般的成效。这就是说，换一种思维方式，就能够化解问题。

有一个小寓言，说的是美国有一家大百货公司，门口的广告牌上写着：无货不备，如有缺货，愿罚10万美元。一个法国人很想得到这10万美元，便去见经理，开口就说："潜水艇，在什么地方？"经理领他到第18层楼，当真有一艘潜水艇。法国人又说："我还要看看飞船。"经理又领他到第10层楼，果然有一艘飞船。法国人不肯罢休，又问道："可有肚脐眼生在脚下面的人？"他以为这一问，经理一定被难住。经理也的确抓耳挠腮，无言以对。这时，旁边的一位店员应道："我做个倒立给这位客人看看！"

今天，人们都已经熟悉了逆向思维的方式，但遇到了实际情况，特别是一些特殊情况的时候，人们还是习惯于常规思维。因此，很多实际可以解决的问题，也就被人们看成无法做到、难以解决的问题。

美国麦克公司董事长库里·恰克，以前只是一个小商贩，靠做小生意起家。

那一年，他把所有的本钱取出来，购进了一大批日本货，准备在美国出售。不料进货不到两天，还没来得及出售，日本偷袭珍珠港事件发生了，美国人抵制日货，使库里·恰克面临破产的边缘。库里·恰克有苦难言，辛辛苦苦赚来的钱眼看就要泡汤了，他整天坐在椅子上，面对堆积如山的日货长吁短叹，度日如年，几乎想要跳楼自杀。

半个月后的一天，突然一个起死回生的想法涌上了他的脑海，他认为这个生意点子大有一试的价值。于是，他就在他的商品广告单上用红字写下这么一句话："美利坚的同胞们，买日货是爱国的最好表现，有爱国心的人不可不买。为什么呢？在跟日本打仗的现在，如果人人都买日货，就等于省下一批国内资源。这部分资源就能作用于军需品，增强美国的国力。"这寥寥数语发生了很大的作用，看到广告单的人都纷纷买他的日货，这样他的日货很快就卖光了。

面对人生旅途中的诸多难题，从正面去想无法解决时，不妨打破常规，从另一方面或另一角度去思考。就像本来濒临破产的库里·恰克，把抵制日货改变成提倡购买日货，结果他不仅没有亏本，反而赚了一大笔。

6. 从众心理是创新的死敌

有位心理学家曾做过这样一个实验，他在墙上画出AB、CD、GF三条线段，找5个人分别进去辨认，指出哪条线段最短。前4位都说AB线段最短，第5个人进去后发现，不论怎么看，都是GF线段最短。他出来后，心理学家问他，他却回答是AB线段最短。心理学家告诉他，实际上他看的没错，确实是GF线段最短。前4位都是心理学家的助手。那么为什么第5个人明知GF线段最短，却回答AB线段最短呢？

第5个人说："前4位都说AB短，我也就认同了。"

这就是心理学上讲的从众心理。犯这种错误的人绝不在少数，仿佛人多就占了优势，就胜算多一些。

法国著名科学家法伯也做了一个类似的实验，他花费了很长时间捉了许多虫子，然后把它们一只只首尾相连放在了一个花盆周围，在离花盆不远处放置了一些这种虫子很爱吃的食物。一个小时之后，法伯前去观察，发现虫子一只只不知疲倦地在围绕着花盆转圈。一天之后，法伯再去观察，发现虫子们仍然在一只紧接着一只地围绕着花盆疲于奔命。七天之后，法伯去看，发现所有的虫子已经一只只首尾相连地累死在了花盆周围。

后来，法伯在他的实验笔记中写道：这些虫子死不足惜，但如果它们中的一只能够越出雷池半步，换一种思维方式，就能找到自己喜欢吃的食物，命运也会迥然不同，最起码不会饿死在离食物不远的地方。

是"从众心理"害死了这些虫子。当然，让虫子摒弃自己固有的习性难免苛求，虫子毕竟是虫子。但是，人呢？有多少人因为从众心理的支配而步入人生的泥潭？

一切的创新，都是智慧的产物。它的本质是不同流合污，是特立独行。众口铄金，三人成虎是不会创出什么新意来的。英国的布莱克说："独辟蹊径才能创造出伟大的业绩，在街道上挤来挤去不会有所作为。"这句话对每个有志于培养自己智慧的人来说，当属至理名言。

在19世纪中叶的美国加州，传来了振奋人心的大好消息，在那里发现了金矿。一时间人们奔走相告，认为这是一个千载难逢的发财机会，于是三五相约，呼朋引友，纷纷向加州进发。

当时只有17岁的农夫亚默尔也满怀希望地投身于加州"淘金热"的洪流之中，梦想着自己此去定能抱个金银娃娃回家，实现自己的发财梦想。

淘金梦是美丽诱人的。太多太多的寻梦人从天南地北、四面八方蜂拥而至。一时间加州人山人海，满眼望去，皆是淘金者。

然而黄金毕竟有限，在这么多人的开掘之下，显然已越来越难淘了。金子难淘反倒在其次，由于大批淘金者的涌入，使生活中的一些小事都成了大难题。再加上当地气候非常干燥，水源奇缺，简直到了水贵如油的地步。恶劣的生存环境，不但破灭了许多人的淘金美梦，而且还把他们的命留在了异地他乡。

只有17岁的亚默尔当然也不能例外，和大多数人一样，虽然历尽了千辛万苦，还是没淘到金子。干渴、缺衣少食，几乎被折磨得半死。到底该怎么办呢？

望着水袋中一点点舍不得喝的水，亚默尔豁然开朗，他突发奇想："淘金的希望是这样渺茫，与其在一棵树上吊死，倒不如去卖水呢！"

亚默尔把自己的想法告诉了同伴，立即引来了人们的各种嘲讽。

但亚默尔对他们的冷嘲热讽无动于衷。他毅然决然地放弃了继续挖金矿的努力，将手中挖金矿用的铁啊镐啊，都变成了挖水渠的工具，将河水从远方引入他挖出的水渠中，用细沙将水过滤，变成清澈甘冽的可饮用之水。随后，他买来若干个大桶，将水装进去，挑到山谷的入口处，一壶一壶地卖给那些淘金人。因为水在此地存在着巨大的需求市场，而且他做的生意几乎是无本的，在很短的时间内，亚默尔就发财了。

当许多人沮丧着空手而归时，亚默尔的怀里已揣到6000美元。别小看了这6000美元，在当时可是一笔非常可观的数目。

黄金确实比水珍贵，挖到黄金也确实能发大财，这是确定无疑的。然而金子毕竟很有限，在难以计数的淘金者面前，它们少得可怜了。这也就是说，就算真的能够淘到金子，也将是微乎其微的。更何况当时加州的自然条件恶劣，生存环境也正在对人类的生命构成极大的威胁。再这样随大流儿一起干下去，显然是不明智的。

年仅17岁的亚默尔另辟蹊径，选择了卖水之路。虽然朋友极力反对，但他依然我行我素。当别人两手空空无功而返时，他的腰包里已鼓鼓地揣进6000美元，这不能不说是智慧为他创造的丰厚财富。假如他也和其他人一样，17岁的生命能否延续都是未知数，更别提什么6000美元的财富了。

墨守成规，随波逐流就是长眠不起，就意味着智慧之泉的枯竭和创造力的苍老。而独树一帜、另辟蹊径，则标志着异军突起和独领风骚！

7. 突破自己，激发创造力

再生老鹰是世界上寿命最长的鸟类，它一生的年龄可达70岁。

要活那么长的寿命，它在40岁时必须做出困难却重要的决定。当老鹰活到40岁时，它的爪子开始老化，无法有效地抓住猎物。它的喙变得又长又弯，几乎碰到胸膛。它的翅膀变得十分沉重，因为它的羽毛长得又浓又厚，使得飞翔十分吃力。它只有两种选择：等死，或经过一个十分痛苦的更新过程。

150天漫长的操练。它必须很努力地飞到山顶。在悬崖上筑巢。停留在那里，不得飞翔。老鹰首先用它的喙击打岩石，直到完全脱落。然后静静地等候新的喙长出来。它会用新长出的喙把指甲一根一根地拔出来。当新的指甲长出来后，它们便把羽毛一根一根地拔掉。

5个月以后，新的羽毛长出来了。老鹰开始飞翔。重新得以再过30年的岁月！

在我们的岁月中，有时候我们必须做出困难的决定，开始一个更新的过程。我们必须把旧的习惯，旧的传统摒弃，使我们可以重新飞翔。只要我们愿意放下旧的包袱，愿意学习新的技能，我们就能发挥我们的潜能，创造新的未来！我们需要的是自我改革的勇气与再生的决心……

现实生活中，像时尚一样，容易落后的不是你的衣服，而是你的想法和能力——对待工作的态度。为什么人能够取得这么大的进步？因为人有创新能力。有创新能力，这就是人区别于其他动物的地方。创新能力是从哪里来的呢？不是从天下掉下来的，也不是生来就有的。创新能力的基础是学习能力，创新能力是在学习过程当中形成的观察、比较、思考、推理、筛选、传承、改造、发展等能力的基础上形成的，创新能力实际上是一种推陈出新的能力。

无论如何打开创造之门是内因和外因的结合，而且最重要的是要突破你自己。一是要有良好的心态。任何人都要经过成功与失败的反复交替，在这种变化中，你就要学会生活的方法，提高你的心理承受力。二是要脚踏实地一步一步地去做，仅有理想、目标是不够的，不知道怎样一步步去做是不行的。关键是一定要符合自己的切身实际，只有这样才能不断地取得成功，才能不断地激发创造力，培养起创新精神。

知识是大脑的电源

如果说聪明的大脑是一棵常青树，那么知识则是保证这棵常青树常青的活水。

如今，知识的新旧更替正以一种前所未有的高速度呼啸而至，一个不懂得持续学习、给自己大脑充电的知识分子，不消几年就会成为新文盲。

没有知识是可怕的，当年我们的先辈们系起红头绳，用狗血牛粪攻击八国联军的坚船利炮时，就饱尝了苦果。

幸好，知识是可以取得的东西，今天没有知识，明天可以拥有，只要你肯学习、学习、再学习。莎士比亚告诉我们："知识是我们借以飞上天堂的羽翼。"

1. 不论何时都不应停止学习

有些人认为，学习只是青少年时代的事情，只有学校才是学习的场所，自己已经是成年人，并且早已走向社会了，因而没有必要学习，除非为了取得文凭。

其实这种看法是不对的。在学校里自然要学习，难道走出校门就不必再学了吗？学校里学的那些东西，就已经够用了吗？

其实，学校里学的东西是十分有限的。工作中、生活中需要相当多的知识和技能，这些课本上都没有，老师也没有教给我们，这些东西完全要靠我们在实践中边学边摸索。

可以说，如果我们不继续学习，我们就无法取得生活和工作需要的知识，无法使自己适应急速变化的时代。不学习，我们不仅不能搞好本职工作，反而有被时代淘汰的危险。

有些人走出学校投身社会后，往往不再重视学习，似乎头脑里面装下的东西已经够多了，再学会涨破脑袋。殊不知，学校里学到的只是一些基础知识，数量十分有限，离实际需要还差得很远。

特别是在科学技术飞速发展的今天，我们只有以更大的热情，如饥似渴地学习、学习、再学习，才能使自己丰富和深刻起来，才能不断地提高自己的整体素质，以便更好地投身到工作和事业中。

据美国国家研究委员会调查，半数的劳工技能在1~5年内就会变得一无所用，而以前这段技能的淘汰期是7~14年。特别是在工程界，毕业10年后所学还能派上用场的不足1/4。因此，学习已变成生存必要的选择。

年轻时，究竟懂得多少并不重要；懂得学习，就会获得足够的知识。大凡杰出的人，都是终身孜孜不倦追求知识的人。在漫长的人生经历中，即使再忙再苦再累，他们也不放弃对知识的追求。学习既是他们获取知识的途径，又是他们在逆境中的精神支柱。在他们看来，知识是没有止境的，学习也应该是没有止境的，学习使他们的思想、心理和精神永远年轻，也使他们的事业日新月异。

纽约市戴尔·卡耐基学院的一位学员名叫埃德·格林，他是一位十分杰出的推销员。当时他的年收入能超过7.5万美元，相当于在今天经济条件下的12万美元。格林讲过这样一个小故事：有一次，我的爸爸带我参观了我们家的菜园。爸爸可以说是当时那个地区最好的园丁，他在园子里辛勤耕作，热爱它，并且以自己的成果为荣。当我们参观完之后，爸爸问我从中学到了什么？

而我当时只能看出来爸爸显然在这个园子里狠下了一番功夫。对这个回答爸爸有些沉不住气了，他对我说："儿子，我希望你能够观察到当这些蔬菜还绿着时，它们还在生长；而一旦它们成熟了，就会开始腐烂。"

格林说："我一直没有忘记这件事，我来上这门课是因为我认为自己能从中学到些什么。坦白地说，我确实从其中一节课中学会了一些东西，那使我完成了一笔生意并得到上万美元，而我曾花了两年多的时间试图做成它。我所得到的这笔钱能够付清我这一生接受促销培训的所有花费。"

在人生的这场游戏中，我们应当保持生活的热情和学习的热情，不断地吸取能够使自己继续成长的东西来充实自己的头脑。彼得·扎克这样阐述这个观点："知识需要提高和挑战才能不断增长，否则它将会消亡。"

现实生活中有许多人一旦离开学校，就不再继续学习了。前几年，中央电视台做了一次调查，发现许多人家里根本没有买过什么新书，书架上放的几乎全是在校学习期间的课本。这反映了一个事实：上班后许多人不再读书，不在工作之外求知，往往把时间浪费在闲聊与看电视上。电视节目固然也具有一定的教育作用，但并不是所有电视节目都如此。我们更应该学一些工作之外的新东西，以增强自己的综合能力，不断地提高自己适应这个社会的能力，这样才能在飞速发展的21世纪中立于不败之地。

2. 自身素质可以通过学习提高

其实，我们每个人都有一笔巨大的无形财富，只不过我们尚未意识到或是尚未开发出来而已。而成功者就是通过不断地拼搏与学习把这种潜能转化为现实的财富。

也许有人要问：这笔财富究竟是什么？为什么我没有觉察到。

这笔财富其实就是隐伏于每个人身上的巨大潜能：自我学习的动力和能力。之所以没有觉察到的原因，是因为它犹如一座矿藏，不是俯身可拾的，是需要一个从开发到利用的过程。而成功者在现实生活中是通过不断地学习来提高自身的素质，开采这座矿藏。这种内在的潜能一旦与现实环境结合，便以财富的形式固定下来，包括无形的和有形的财富。虽然不同的成功者所处的现实环境不同，有的取材于政治，有的取材于经济、有的取材于文艺……但他们源源不断的财富之源都是通过不断地学习和自我奋斗不止。

学习始终贯穿于成功者的整个奋斗历程。

非常之人必有非常之志。古今中外成功者的事例告诉我们：只有通过自己不断地学习和努力，才可以成为人们心目中的那种高尚的人！学习便是这一完成人生飞跃的翅膀。

3. 学习要"刻苦"，但不必"艰苦"

美国的密歇根州詹姆斯敦小学的一位老师给他的学生们布置了一项非同寻常的作业，让每个学生都给当地企业写封信，提出一个尽可能荒谬的要求。小学生凯特于是写信给当地的一家快餐连锁店说，她希望能终身免费吃炸鸡，因为这是她的最爱。同时她还很有礼貌地称，如果这个无理要求被拒绝，她也会表示理解。结果这家快餐店竟答应了凯特的要求，因为连锁店的经理和其他人都觉得，凯特把这家店的食品当作自己的最爱是他们的荣幸，更何况她还那么诚恳。

对凯特的老师来说，这个作业其实并不特殊，他每年都会让五年级的学生们写这样一封信，目的是使写作更富趣味。今年还有两个学生的要求也得到了满足：一个可以在一个月内免费喝巧克力牛奶，另一个获准在学校附近的一家饭店免费举办一个冰激凌晚会。当然大部分学生提出的要求都遭到了拒绝。比如，有一个学生写信给一位六年级老师，希望自己下一学年可以免做作业，结果当然没有被答应。

通过这样的作业，学生得到的语言的、社会的、感情的、创造性思维的收获比我们小时候做惯了的《给爷爷的一封信》要好得多。什么时候，这种学习方式对于中国学习者来说变得不再特殊，那我们对学习的兴趣就会大增。

会学习的人，把学习看作是一件有兴趣的事；不会学习的人，把学习看作是一件很苦的事。但"艰苦"和"刻苦"是不同的！艰苦是把学习看得很困难，而刻苦是把学习看作是一件应该下的功夫，并且是下苦功来完成的事。看待学习的观念不同，对待学习的态度自然也不同。艰苦是被动的学习，刻苦是主动的学习。

4. 向成功者学习方法

学习并非单停留在书本上。社会是一所大学，到处都有学习的机会。向成功者学习就是一个不错的学习方法。

每个人成功的方法都不一样，譬如说，有的人成功是因为背后有个"伟大"的爸爸，有的人是因为娶了一个能干或很有钱的老婆，有的人是因为有人提拔，但也有人是从基层一步一步地通过自己苦干实干地爬上来……

面对未来，遥想"成功"二字，你是不是也有无从迈步的迷惑？如果有，不妨看看别人的成功原因，学习一下他们的"成功模式"！

也许你会问：学习别人的成功模式就能成功吗？

答案是："不一定。"因为一个人是否成功还受到个人条件、努力的程度和机遇等因素的影响，并不是学习别人的成功模式就可以成功；但至少成功模式是一种指引，让你有方向可循，这绝对比茫无头绪，不知何去何从好过千百倍。

那么，如何找到一套"成功模式"？

首先，你要找出一位你认为"成功"的目标人物。这个人可以是你的朋友，可以是你的亲戚、长辈、同事，也可以是有名望的社会人士，更可以是书里的传记人物。你可以向他们请教他们的成功之道。一般来说，人人都喜欢谈成功而忌讳谈失败，所以他们会不吝啬地告诉你他们的成功经验，至于社会人士的成功之道，则可以从报纸杂志得知，传记里的人物成功之道，传记里也会说得很清楚。

任何人的成功模式都有可能套用在你自己身上，但有几种"模式"你必须排除，绝对不可"套用"。

——因机遇而成功的人。因为他有机遇，你可不一定也有那么好的机遇；而且机遇是不可等待的。

——因家族支持而成功的人。例如，有一位"伟大"的父亲或庞大的产业。这种人的成功比一般人省力许多，你若无此条件，则这种人的成功是不值得学习的。

——因配偶的才干或金钱而成功的人。你不一定也会有个能干或有钱的配偶。

——因某人提拔而成功的人。因为你不一定也会碰到愿提拔你的人。

——因不走正道而成功的人。不走正道危险性很高，这种险不能冒，也不值得冒。

那么，该选用什么样的"成功模式"？

你应该选择靠自己而成功的"成功模式"，而且这个人最好是和你同行，所处的环境、个人条件和你接近。你可以把他的成功经验归纳成以下几点：

——他是如何踏出第一步以及第二步、第三步？

——他如何积累实力？

——他如何突破困局，超越自己？

——他如何管理内外的人际关系？

——他如何规划一生的事业？

你可以照着做，当然也可以只模仿其中的若干方法，或是根据他的模式来修正你的方向。

不过，"成功模式"再好，关键还在于执行，你若不当一回事，则这模式就不能发挥效用。说穿了，成功模式就是"努力"二字而已，肯努力，就会有实力。有实力就会带来好机遇。

生活是一部"无字书"，唯有善读者，方能学以致用，举一反三。

5. 向失败者学习经验

"以失败者为师"与前述的"以成功者为师"并不存在矛盾。"以成功者为师"强调的是学习别人的成功之处以为自用，而"以失败者为师"强调的是学习别人的失败之处以为自己规避。因此，它们其实存在辩证的统一。

"以失败者为师"实际上是一个事业颇有成就的企业家的话。

他说，一般人都是以成功者为师，把成功者的成就当作奋斗的目标，有些人还遵循成功者的模式，构筑自己的未来。这也没什么不好，人总需要"希望"来鼓舞。但一切向"成功者"看齐却有可能使人坠入一种幻觉当中，认为"我也可以成功"！殊不知一个人的成功是需要很多条件配合的，并不是一蹴而就；另外，成功者的成功模式因为个性、主客观条件的不同，并不一定适合每个人。所以在"以成功者为师"的同时，也要"以失败者为师"，把失败者的失败当成一个案例，仔细探查失败的真正原因，以此作为自己的警惕，避免再犯同样的错误！

这位企业家说，他从创业开始到现在，都会仔细观察同行及非同行的失败原因；别人是在失败中吸取教训，他是从别人的失败中吸取教训，因此他不但顺利创业，而且发展得非常稳定。或许稍嫌开创不足。他说：企业的"存在"比"壮大"更重要，因为有"存在"，才可能"壮大"，若为了"壮大"而失去"存在"，那就失去创办企业的目的。何况失败是痛苦的事，更有一失败就永无再起的可能，所以，"避免失败"比"追求成功"更重要。

任何失败都是有原因的，不管是主观因素或客观因素；不过要了解失败者的失败原因不太容易，失败者往往不愿意谈失败的过去，因为这会暴露自己的无能。如果你找到失败者本人谈，他大概也不会告诉你真相，他只会告诉你，他的失败是因为经济不景气、朋友拖累、银行紧缩银根，或是被出卖、被骗、被倒账……属于他个人的能力、判断、个性上的问题，他是不会告诉你的；何况有些失败者根本不知道他失败的原因。因此要了解失败者的失败原因，你得多方收集资料，参考专家的分析、同行的看法，至于这位失败者的个人条件，可从他的朋友处了解。

当把资料收集够了，把它一条条列出来，仔细分析，再归纳成几个重点。

不过并不是了解就算了，你必须把你所观察、分析到的东西拿来检验自己，和失败者的一切做个对照比较。如果你的个性、能力和其他主客观因素都有和那失败者相似之处，那么就要提高警觉。弱的地方要加强，不好的地方要改善，这样你就可避免和那失败者犯同样的错误，成功的概率自然会大为提高。

除了自己经营事业要以失败者为师之外，一般做人做事也应以失败者为师。

在做人方面，看看谁和谁处不好，谁得罪了谁，谁不受欢迎，参考他们的个性，观察他们平日的来往和作为，你就可以知道他们做人失败的原因在那里。

在做事方面，"失败者"的例子更多，这里所谓的"失败"包括做得不尽完善的事，这些事一般都会由主管开会进行检讨，这种检讨有时只是应付应付，但因为近在身边，所以不管检讨是不是在"应付"，你都会有不错的收获。

曾有一将军说过，两军对阵，谁犯的错误少，谁就得胜。做事也是一样，犯的错误少，成功的概率就提高，而要减少错误，就是"以失败者为师"，这种教训并不需要你以失败去换取多么划算！

6.从各行各业中吸取新知

我有个同学，念大学时他就显得比别的同学懂得多，毕业十几年后见到他，他还是比我见多识广。

有一次聊天，他无意中说出他喜欢向不同行业的人吸取新知识。真是一语惊醒糊涂人，难怪他一碰到我就一直和我谈我的工作，而我对他那一行却如同雾里看花，一知半解。

他告诉我，他在念书时就有这个习惯，除了看报、看杂志，充实专业知识，他还会想办法和别的科系的同学聊天，所以有些科系他虽然没有进修，但多少都懂一些。此外，他也和来自不同地方、不同背景的同学聊天，所以才到大三，就已像一个在社会上做了好几年事的人一样练达。

走上工作岗位后，他让这个习惯成为自己工作的一部分。他和同一单位，不同专长，不同背景的人聊天，也和不同单位的人聊天，更和非本行的外界人士交朋友。

他的做法是这样的：

在有聚会的场合，交换过名片后，他会在恰当的时机挑选一个具有新闻性的话题，向他"锁定"的对象发问。大部分人都喜欢在公众场合中受到注意，有人发问，当然恨不得把所有时间包下来，好好讲个痛快。所以问的问题或许不很专业，但得到的回答却很专业。而因为这一问，也交到了朋友——那么多人只有你问我，当然就对你有特别的印象啦！于是他会准备第二次见面。

如果是"非聚会"的一般场合，他会恰当地和对方聊一下，几乎每个人碰到他，都会很乐意说一些，因为他的发问，给了对方一种"被尊重"的感觉，当然话匣子就关不住。

因此，我那位同学知识面的"广博"就不意外了。

他现在是一家外资公司的经理，而他的升迁和他的"习惯"是不是有直接关系不得而知，但没有直接关系至少也有间接关系，因为对不同行业了解得多，有助于对本行业的判断和思考，至少朋友多，做事也方便。

至于如何"向不同行业的人吸取新知"，我的同学也提出一些要诀。

——要抱着"请教"的态度。谁都不敢自诩是"专家"，但有人向自己"请教"，可能就会轻飘飘起来。你用"请教"捧了他，他不"知无不言"才怪！但要记住，千万不要和对方辩论，宁可多提几个问题让他解释；辩论不会有结果，而且了解对方的行业才是你的目的，你辩赢了，还会失去可以成为朋友的人！若对方不愿和你辩而冷淡以对，你不是更自讨没趣吗？

——妥善找寻问题的切入点。你总不能开口就说"请你介绍你的行业"吧？太幼稚的问题，对方有时会不耐烦，懒得回答，让你"满面全豆花"！"切入点"如何找？方法是多看报纸杂志，广泛了解社会的脉动，例如碰到律师，你就可问他赦免死刑犯的问题。如果一时找不到，从景气问题下手准没错。

——态度要诚恳、认真，不要给人"只是随便问问"的感觉。最好能做笔记，对方看你做笔记，想不感动也难。

——不要急于求成。太急于了解对方的行业，会让对方以为你别有所图而采取闪躲的态度。先交朋友再了解，这样就不会打草惊蛇。一次了解一点儿，彼此熟了，自然就可以做深入的了解了。

总之，不要认为和你不相干的行业就和你的工作不相干，各种行业都有依存关系的。所以，打开你的心灵之门，去接纳各种不同的背景、不同行业的人，向他们学习吧！

7. 知识要运用才能产生能量

知识只有在运用时才能产生力量。一个人不能为学习而学习。人之所以学习，其目的应该是增加智慧，提高品格，使我们更向上、更幸福、更有用，在追求更高的人生理想的时候，使我们更善良，更热情，更能干。努力学习，掌握更多的知识，把自己的聪明才智发挥出来，这是成功者必须做到的。

培根在提出"知识就是力量"的口号以后，又作了补充，他说："学问并不是各种知识本身，如何应用这些学问乃是学问以外的、学问以上的一种智慧。"这也就是说，有了知识，并不等于有了与之相应的能力，运用与知识之间还有一个转化过程，即学以致用的过程。

如果你有很多的知识但却不知如何应用，那么你拥有的知识就只是死的知识。鲁迅说："用自己的眼睛去读世间这一部活书"，"倘只看书，便变成书橱，即使自己觉得有趣，而那趣味其实是已在逐渐硬化，逐渐死去了"。死的知识不但对人无益，不能解决实际问题，还可能出现害处，就像古时候纸上谈兵的赵括无法避免失败。因此，我们在学习知识时，不但要让自己成为知识的仓库，还要让自己成为知识的熔炉，把所学知识在熔炉中消化、吸收。

我们应结合所学的知识，参与学以致用活动，提高自己运用知识和活化知识的能力，使自己的学习过程转变为提高能力、增长见识、创造价值的过程。我们还应加强知识的学习和能力的培养，并把两者的关系调整到最佳位置，使知识与能力能够相得益彰，相互促进，发挥出前所未有的潜力和作用。

第二章　命运不是机遇，而是选择

命运并非机遇，而是一种选择，我们不应该期待命运的安排，必须凭自己的努力创造命运。

——布莱克

差之毫厘，失之千里。

——《旧唐书》

一失足成千古恨，再回头已百年身。

——清·魏子安

几个学生向苏格拉底请教人生的真谛。

苏格拉底把他们带到果林边。

"你们各自顺着一行果树，从林子这头走到那头，每人摘一枚自己认为最大最好的果子。不许走回头路。不许做第二次选择。"苏格拉底吩咐说。

学生们出发了。他们都十分认真地进行着选择。

等他们到达果林的另一端时，老师已在那里等候着他们。

"你们是否都挑选到自己满意的果子了？"苏格拉底问。

"老师，让我再选择一次吧。"一个学生请求说，"我走进果林时，就发现了一个很大很好的果子，但是我还想找一个更大更好的。当我走到林子的尽头后，才发现第一次看见的那枚果子就是最大最好的。"

其他学生也请求再选择一次。

苏格拉底坚定地摇了摇头："孩子们，没有第二次选择，人生就是如此。"

人生要经历的是一连串选择的过程，从你早上起来要穿哪一套衣服出门开始，你在选择；中午要去哪里吃饭，你又在选择。在考虑结婚的时候，到底是哪一位异性比较适合自己——要选择；找工作时到底进入哪一行哪一家企业——要选择……以上所说的每一个选择有大有小，但每日、每月所有的选择累积起来影响着你人生的结果。

一个选择对了，又一个选择对了，不断地做出对的选择，到最后便产生了成功的结果。一个选择错了，又一个选择错了，不断地做出错的选择，到最后便产生了失败的结果。若想要有一个成功的人生，我们必须降低做错误选择的概率，减少做错误选择的风险。

降低选择错误的概率

刘先生在5年前就想在北京的望京购买一套商品房。他自己有宽裕的住房，买房只是作为一种投资手段。"我看好望京的地段，绝对有很大的升值空间。"刘先生这样对妻子说，妻子也同意他的看法。但刘先生一直没有真正将买房落实到行动上来。因为，他同时也看好股市，有意在股海搏一搏。

在投资房产还是股票的问题上，刘先生最终选择了股票。望京的商品房现在已经较5年前翻了一番还多，从当时的3000元／平方米涨到了6000~7000元／平方米；而股票行情却江河日下，令刘先生当初投进去的20多万元缩水到市值仅够10万元。

在赚与赔之间，横亘的分水岭叫选择。很遗憾，刘先生的选择出现失误。

人脑子里的想法往往不止一个，如何在这些想法中选择一个正确的，直接关系到一个人的前途与命运。古人云："一失足成千古恨，再回头已百年身"，说的正是错误的选择带来的巨大灾难。

人生处处皆有选择。如何提高正确选择的胜算，是每一个人都应下力气研修的课题。

1. 生活因选择而开始

选择是艰难的，如同艰苦的实践一样，会使你全力以赴，会使你充满力量。躲避和随波逐流是有诱惑力的，但有一天回首往事，你可能会意识到，随波逐流绝不是你一生中最好的选择。

生活就是生活，不要让生活因为你的不负责任而白白流逝。要记住，你所有的岁月最终都会过去的。只有做出正确的选择，你才配说你已经活过了这些岁月。

人的一生犹如海上一条漫漫的航线，航程中波涛汹涌，暗礁处处，曲折而又坎坷，起伏而又多变，并难免有着太多的岔路。面对这些岔路，我们选择时不免会踌躇一番。担心自己一招不慎，全盘皆输。可是无论我们多么犹疑和难以面对，也必须进行这样一次必然的选择。因为这是人生，这是一次必然的人生，我们必须也只能进行选择。当然，一旦选择，我们也将无法反悔。

今天的社会瞬息万变，一日千里，而那些通往不同方向的道路都充满着未知事物特有的诱人和神秘，然而我们不能永远停留在岔路口。

在某种意义上也可以说，正是选择决定了我们每一个人的命运，也正是选择改写着我们的人生。

在人生中，人们往往有着数不尽的选择等着我们去做决定，但却对如何做选择也存在着相当多的困惑。鱼和熊掌不可兼得，这是生之为人的烦恼和遗憾。

在人生的路上，我们必然要经历各种各样的选择。在向着不同方向延伸的几条路的岔口前，我们必须学会做一个正确的选择，然后带着对未来独一无二的憧憬和自信，踏上旅程。

2. 给自己积极的心理暗示

在心理学的理论中，"自我暗示"也可以说是"自我催眠"。至于这种暗示和催眠的作用有多大，就看个人投入的程度够不够了。

基本上，每个人每天都在接受各式各样的"暗示"和"催眠"，这些暗示和催眠可能来自别人的口中，可能来自各种媒体，也可能来自自己的体验和想法。当然，在地位上越是有权威的人，对我们催眠的作用越大。

回想一下，是不是一些专家、名人的话，你比较不假思索就加以认同且赞扬？相较之下，一些好朋友的肺腑之言，你反而比较难以接受。

同理，社会上各种媒体的"催眠"作用也是一样，越是有名气的报纸、杂志和电视台所发布的信息，我们就比较容易接受，而且也习惯不去加以求证，这种催眠可以说是最误导人做选择的方式之一。

在心理学的研究报告中，一个心理医生要催眠一位病人时，必须先获得病人对他专业及权威上的认同，否则很难将病人催眠。

同样的道理，你对自己的"声音"不是很重视，总是听信别人的话，认为别人的话永远都是对的，你的信心当然很容易遭受打击，判断力也跟着别人而丧失主见。

如果你懂得现实生活中这种"催眠"现象，你就可以"逆向操作"，拒绝接受太多外来的催眠指令，多听听自己内在的"声音"，这样，你就可以拥有自主的权力了。

"增强决定力"的自我暗示和自我催眠法，其实很简单，只是有一个重要的前提，那就是：你得诚心诚意地相信你自己。

有了这种诚意后，在选择前，你只要不停地对自己说："我有能力，我有决断力，我一定会成功！"直到你觉得信心正在增加，就可以收到效果了。

譬如，现在社会上减肥的风气十分盛行，然而减肥却是一件必须有强烈决心的苦差事。许多人花了大量的金钱和精力，就为了甩掉身上的赘肉，但结果总是令人灰心。不管是饮食控制还是运动健身，都必须要有坚定的意志，并且相信自己一定可以做得到。看到别人变瘦总觉得很心动，也跃跃欲试地行动起来，但同样的方法用在自己的身上却是不见成效。这其中的差别，除了天生体质的问题之外，能够瘦下来的人，必然拥有坚定的信念，那就是：我一定要瘦下来！

当你在做一件事时，心里充满怀疑与不确定，那么你所踏出去的每一步都是不稳当的。你连自己都不相信自己，那还有谁能给你鼓励呢？因为太在意结果，反而容易患得患失，而在过程中没有克尽全力，越是失败，就越是没有信心。为什么不给自己一点儿暗示，指引自己一条通往成功的道路呢？只有专注于聆听自己心里的声音，才能坚定地抵抗外界的诸多诱惑。唯有积极地肯定自己，才能给自己强大的支持力。

当然，"自我催眠"的内容可以根据自己的需要而更改，但是一定要忠于"正面、积极"的意念。

长久地这样自我暗示下来，相信你就会觉得自己的自信心开始增强，有很强的决断力了。

3. 选择自己喜欢的事去做

李开复博士在《做最好的自己》一书中，谈到一个女才子对于人生成功的感悟历程，现引用如下：

曾经在微软亚洲研究院工作的潘锦辉是一个典型的女才子。在清华大学电子系读书时，她就天姿过人，同时又兼具诚恳、谦逊等品德。在微软亚洲研究院实习时，潘锦辉用她灵活而敏锐的思维方式以及锲而不舍的钻研精神赢得了许多专家的一致好评。后来，潘锦辉又以优异的成绩考入斯坦福大学深造，并有机会在许多国际知名的大企业中工作。

在常人眼里，潘锦辉女士旅途可谓一帆风顺，但潘锦辉自己却不这么想。她常常问自己：成功究竟是什么？难道学业和事业上的一帆风顺就是最大的成功吗？难道许多人梦寐以求的名和利就是最大的成功吗？如果成功只有一种定义，那么，自己多年来拥有过的许多美好的憧憬和设计又该如何实现呢？

有一天，一位学长无意间问潘锦辉："你到底对做什么感兴趣呢？"这句话一下点醒了潘锦辉，令她在一瞬间明白了许多：成功之路有许多条，成功的定义也有许多种，只要在理想的指引下，真正做了自己想做的事情，真正实现了自己的人生价值，就是一种成功，就应该为此感到自豪和快乐。

从此，潘锦辉积极投入到了乐观、充实的人生当中。

做自己想做的事，做最好的自己，就是人生的一种成功。这种对成功的解读，对于站在选择的十字路口迷惘的人来说，的确是一剂醒脑药。

在做选择时非常重要的一点是不要追随潮流，而要坚持自己内心的感觉，要凭自己内心的喜好来确定自己该选择什么。因为往往自己喜好的才能成为自己擅长的，也才能做好它。

乌姆贝托像许多大学毕业生一样，茫然地迎接了大学毕业典礼。他完全不能肯定自己究竟想干什么。他担任了一所小学的社会工作者的职位。由于他喜欢与人打交道，因此他对这个工作还算满意。在这之前，他作为家里的独子，处处受到呵护，接触面很狭窄，而这个工作却使他接触到了前所未知的众多生活层面，增长了阅历。但是，几年后，他对社会工作感到厌倦了。他认为自己有兴趣和才干，也有独创性和精力，应该把这些优势用在更有成就感的事业上。因此，他想找一个对他来说正确的职业。妻子也鼓励他立即辞掉工作，但他不愿意让她独自承担每月数目不小的生活开支。因此，他决定等确定真正兴趣后再更换工作，免得跳来跳去。后来，他终于明白自己最乐意做的就是款待客人。

他辞掉工作，成为一家快餐连锁店的职员。他的工资比原来掉下来一半还要多，但他的家庭已做好了节衣缩食以渡过暂时难关的打算。此后的18个月是乌姆贝托一生中最艰苦，然而却又最愉快的日子。他进步很快，终于成了连锁店中最大的一家零售店的经理。

获得经营餐饮业的经验后，他决定创办自己的事业，办起了一家有20名职工的"宫殿"餐厅。几年后，"宫殿"成为当地一家颇有名气的餐厅。

选择自己喜欢的事做，这样才能更好地发挥自己的潜质和才能。我们都有体验，若是感兴趣的，我们会全身心地投入进去，而这正是成大事所需要的状态。要时时弄清楚自己的定位，才能在工作及日常生活中获得快乐，而这份快乐，也将为我们带来更多的朋友、更大的财富。

4. 遵循自己的本质

自我意识的增强，对于我们每个人走向成功都非常重要。为了增强自我意识，让我们创造一个新的自我——一个具有独立人格的自我形象。一旦把你的自我意识化为行动，你就找回了真实的自我。你的建设性思想就像生活中的天平，使你过着自然与和谐的生活。

然而，在这样一个前提下，我们有必要在选择自己所做的事的时候，一定要认真、慎重地想好自己能干什么，不要盲目行事。这就要求你要问自己："我能干什么？"

可以说，每个人都渴望做好自己的事，从而取得人生的成功。相反，如果不能去做自己想做的事，则意味着痛苦。在此，首先要学会问一问自己到底能干什么？你希望自己成为怎样的人——科学家、艺术家、企业家、演说家、手艺超群的厨师、广受欢迎的年轻人……

可以说每个人对成功的看法都不一样。每个人都有自己独特的人生观和价值观，这就决定了我们每个人的本质不同。若是我们违背了自己的本质，不尊重自己的独特性，那么不论我们怎么努力，都是很难成功的。

你的本质和你的成功是分不开的。

许多人牺牲了自己的本质，去做那些自己不愿意做的事情，这就是他们不能成功的原因。假如你清楚自己的本质，不明白自己的需要，那么你很可能做出完全和你的需要相反的选择。该做老师的人做了企业家，该做企业家的人却跑去当老师；该做管理员的跑去做推销员，做管理员的却是那些该做律师的人。

你是否已被现在的工作改变成一个不健全的人？你是否知道你是如何被教育和被广告造就的吗？如果你对这些问题的答复是肯定的，那么你理想的自我意识就快形成了。

你生活在一个充满诱惑的世界里，某些东西时常会侵害到你。如果你有和人性的观点相一致的自我意识，你就能抵制这些诱惑，使自己的心灵保持宁静，从而选择自己正确的生活方式。

谁甘愿度过平庸的一生？谁没有过美好的憧憬？人和植物、动物的区别，重要的一点恰恰在于人会设计自己的愿望，有实现这一愿望的冲动。理想使人具有不折不挠的精神力量。因而当人实现这一愿望的冲动受挫，理想使人痛苦。如果统计一下，实现了自己的理想的人并不少，而有的不成功的人的例子才被常常引用，让人误以为理想太不容易实现。

理想，说到底，无非是对某一种活法的主观选择。客观的限制通常是强大于主观努力的，树立理想应该是最合适的，没有现实根基的理想只能是妄想。有理想有追求是一种积极主动的活法，不被某一不切实际的理想或追求所折磨，调整选择的方位，更是积极的主动的活法。

一切生活都是值得好好去过的。须知任何一种生活都是生活，无论主观选择的还是客观安排的，只要不是穷困的、悲惨的、不幸的，只要是正常的生活都是有正面和负面的。高官的权势不是农夫所能企盼和拥有的，但农夫却不必担心被暗算篡位。人往高处走，水往低处流——人改变自己命运的想法永远是天经地义、无可指责的，但首先应是从最实际处开始改变。

一个人不论何时开始考虑怎样度过一生都为时不晚。未雨绸缪不但没有损失，反而使人获益很多。每个人来到世上都是有所为的，没有人生来就轻视自己的，不是吗？如果你缺乏成就感，就该赶紧想办法拓展自己的思考范围，开创全新的人生。

另一方面，自知者不怨人，知命者不怨天。从字面上看来有点儿听天由命的样子，其实强调的是一种乐观的生活态度。没有乐观的生活态度，哪还谈得上什么积极进取呢？这样一来，你自然能了解，你从未失去什么。只要你愿意，切实掌握每一分钟，今天便是重生的起跑点，每分每秒都可以不断充实生活。

社会越是发展，人的机遇将会越多而不会越少。人到中年未实现或未达到的，并不意味着你一生不能实现。你的一生中也许将几次经历得到、失去，再得、再失，有时你的人生轨迹竟被完全彻底地改变，迫使你一切从头开始。谁准备的越多，应变能力就越强，成就就越多，慢慢地你会发现有很多适合你的方面。

记住，选择最适合自己的才是正确的。

5. 时机是选择的重要因素

在所有选择的要素中，时机是最重要的。

基本上，所有的选择都有时间上的限制，只是时间的长短不同罢了。我们日常生活中所遭遇的问题，通常都需要在一定时间内作出选择，有一部分的选择，更需要在问题发生的当时，马上做出选择，一分钟也不能耽误。因此，做选择时掌握"第一时间"，是很重要的。

所谓的"第一时间"，并不见得是最快最急的时间，而是指最恰当的时机，能给自己带来最大效益的决定时机。

第一时间所考量的最大效益有如下两个层面。

（1）品质的最大效益

一般来说，我们做选择所花的时间越短，对我们越有利；但是，如果我们只是单纯为了讲求时效而忽略了选择的品质，即使时间再怎么快，仍然是一个错误的选择。因此，做选择的第一时间，也就是我们准备作出最好选择的最短时间。

（2）时间的最大效益

时间效益除了迅速之外，也必须讲求时机。所谓"时机"，是根据客观环境而定出的最佳时刻。有时选择只要时间短，十之八九就可以成功，并且会带来很大的效益。可是，有些选择必须要在一定的时间点作出，才能真正做到正确。这时候，不管你早点儿做选择或是晚点做选择，都是不好的。

那么，第一时间该如何掌握呢？

不同的选择，有不同的第一时间，掌握第一时间其实没有一定的模式，必须看这个选择的时间有多少？急不急？如果真的十万火急，略一思索就下决心，也是情有可原的事。

如果不是那么紧迫，你做选择的最短时间点，就是你的第一时间了。不过，有很多人因为太过心急，常常为了争取时效，考虑尚未周详，就贸然做选择，这是一个很大的毛病，大部分的人就常常犯下这个毛病。

《孙子兵法》中曾经说过："多算胜，少算不胜，况无算乎？"如果时间许可，应该尽量多算（分析权衡），绝不可"无算"就想成功。

此外，如何掌握第一时间的最佳时机，更要看选择的性质及当时客观环境的变数，要记住第一时间的时机原则——"能为决定带来最大效益的时间点"，随机应变，临场活用。

比方说，如果今天你开车去赴一个重要约会，不巧在路上车子抛锚了，眼看时间紧迫，这时你就要立刻、果断地做个决定：把车暂时停放在路边，赶紧打的去赴约。

你越快下决定，所得的效益就越大，因为这个重要约会对你的事业影响重要，所以你要以准时赴约这个目标作为决定的主要考虑。这个时候，最快的时间，也就是第一时间了。

至于和决定时间快慢没有关系的"最佳时机"，在日常工作与生活中也常常遇到。

假设你看上了一套音响，外形和功能都很满意，就是太贵了点。这时销售员一再怂恿你赶快买下来，像煞介其事地说如果等这批卖完，以后再想买就没有了。

这时，你可以先把销售员的话当作耳边风，因为买音响没有严格的时间上的限制。你最好多逛几家店去比较一下，或者多看看报刊有没有相关的信息。最好注意最近有没有哪家电器连锁店有特价折扣活动。如果有，店家开始特价折扣活动的那一天，就是你的"决定时机"了。

至于这个决定时机是不是获益最大的最佳时机，那就要看你的时间考虑了。如果你可以等一二年再买，那么你的"最佳时机"可能是一年后的年终特卖会；如果你设定近期内需要这套音响，那么你的最佳时机就是这次的决定了。

由此可见，有些选择不能等，有些选择是急不得的。第一时间就是你做选择时的时间依据，有了时间依据，你才不会白忙一场，赔了夫人又折兵。

6. 不要让情绪误导你的决定

日常生活中常会遇到一批让我们义愤填膺、怒气难抑的事情，碰到这种事情的时候，做出正确选择的第一关键是"保持理性"。

所谓的保持理性，就是不要让你的情绪来误导你的决定。人有七情六欲，就像人有五脏六腑一样，是很自然的事，可是在做选择的时刻，千万不能被情绪牵着鼻子走，要发泄情绪可以回家关起门来一个人解决，不需要让你的情绪再"害"你一次。

有时候，有些问题其实并不难应付，也就是说，要作出个正确的选择是很简单的事，偏偏有些人就是会把事情搞砸，其根源常常就出在情绪上。一旦人的思考空间被情绪占满了，就没有理性思考的空间了，没有理性思考的空间，就会分不清什么是好，什么是坏，因而造成闯入歧途的下场。

情绪就像风一样地自由任性、捉摸不定；时间、地点、人物等各式各样的因素都会扰乱情绪的稳定。在不同状态下所做的选择可能受到情绪的影响。在这种情况下作出的选择往往是非理性的。所以我们必须利用逻辑的方法才能冷静地作好选择。

所谓的逻辑是我们做判断时所运用的一种工具，也就是做选择时的工具。不过，这些工具及方法运用起来，需要花费很大的脑力，而这种耗费精神的事情对我们而言，往往是种很大的折磨。因此，大多数人总是懒得动脑。

一个用情绪来选择事情的人，往往看不清事情的真相。不经由大脑，完全以直觉反应，而情绪飘忽不定，故处理事情便没有一个准则。如果能要求自己花点儿心思想一想再做选择，对于事情的结果，也就比较能掌握，不会事到临头才干着急。

7. 从容地面对人生的选择

面对选择，最好的心态是以闲看云卷云舒、花开花落的心境，从容一些。

据说，古罗马有个皇帝，常派人观察那些第二天就要被送上竞技场与猛兽空手搏斗的死刑犯，看他们在等死的前一夜是怎样表现的，结果发现栖栖惶惶的犯人中居然有能呼呼大睡而且面不改色的人，便偷偷在第二天将他释放，训练成带兵打仗的猛将。

无独有偶，据传中国也有个君王，在接见新来的臣子时，总是故意叫他们在外面等待，迟迟不予理睬，再偷偷看这些人的表现，并对那些悠然自得、毫无焦躁之容的臣子格外刮目相看。

一个人的胸怀、气度、风范，可以从细微之处表现出来。或许，古罗马的那位皇帝以及古代中国的那位君王之所以对死囚或新臣委以重任，便是从他们细微的动作、情态中看到了与众不同的潜质，看到了那份处变不惊、遇事不乱的从容。从容是人自信的体现。

从容，是傲雪于严冬，"大雪压青松，青松挺且直"；从容，是义士之于刑枷，"我自横刀向天笑，去留肝胆两昆仑"；从容，是智者之于声色利诱，"非淡泊无以明志，非宁静无以致远"。从容，是一种理性，一种坚忍，一种气度，一种风范；只有从容，才能临危不乱，举止若定，化险为夷；也只有从容地面对人生的选择，不惧怕危难，才能懂得生存的真谛。

在瞬息万变、诱惑四伏的现实社会里，更需要人们保持一种平淡沉稳、从容自若的心态。

远离浮躁，从容选择，是一个现代人适应社会环境的基本要求。逆境，抑或突如其来的变故与危困，都是很好的试金石，能明晰地鉴定一个人素质的优劣、强弱。甚至那些养鸟的行家，在选鸟的时候，都要故意去惊吓那些鸟，绝不取那种稍受一点儿惊吓就扑扑拍翅、乱成一团的鸟。

8. 不要让机会白白错过

有一个年轻人，无论做什么事情都给自己留着重新考虑的余地。比如，他写信的时候，写好了也迟迟不愿封起来，因为他总担心还有什么要改动。经常是把信都封好了，邮票也贴好了，在赶往邮局的路上，又把信封拆开，再更改信中的语句。此人学识渊博，却由于他这种犹豫不决的习惯，导致事业极不顺。

优柔寡断对于行动实在是一个致命的打击。如果我们有这种弱点，就不会是有毅力的人。这种性格上的弱点，可以破坏我们的信心，也可以破坏我们的判断力，并大大有害于我们的全部精神能力。

犹太人中流传一句格言：人的一生中，有三种东西不能使用过多，做面包的酵母、盐和犹豫。酵母放多了面包会酸，盐放多了菜会咸，犹豫过多则会丧失赚钱和扬名的机会。想法是用来行动的，否则想法永远只是一个画在纸上的饼。当一个绝好的想法出现在脑海中时，你切不可犹豫不决，要果敢决策，付诸行动。

克罗克是个很出色的推销员，他几乎跑遍了美国所有的城市。对他来说，推销是一件驾轻就熟的事情。跟公司里其他职员比，克罗克的收入是最高的。别人都很羡慕他的推销天才，甚至很多推销人员都以他为榜样。

可是，突然有一天，克罗克宣布放弃推销员工作，准备进军快餐业。同事们均不理解：好好的工作，为何要放弃？克罗克微微一笑，他并没有过多解释，便告别了原来的公司。

其实，克罗克自己已经有了主意。因为他得到一个消息：以快餐为主业发展的麦当劳兄弟想物色一个合适的人选，以帮助他们解决因餐厅发展而带来的麻烦。

第二天克罗克拜访麦氏兄弟。经过商议，他取得了发展全国连锁业务的权利。急于投入的克罗克接受了一份苛刻的合同，合同规定：连锁权利费用为950美元，克罗克只能抽取连锁店营业额中1.9%的费用来做服务费，而其中的0.5%是给麦氏兄弟的权利金。

随着克罗克在速食业中的发展，麦氏兄弟的阻碍作用越来越明显。由于麦氏兄弟目光短浅，克罗克欲把连锁店做大做强的想法得不到实现。贪婪的麦氏兄弟从克罗克仅为1.9%的服务费拿走0.5%的权利金，使得麦当劳的发展严重缺少资金，无法壮大。

麦氏兄弟的做法使克罗克无法容忍，他心想这场痛苦的商业婚姻还是早点儿解除好。有一天，他直截了当地对麦氏兄弟说："你们再这样做，快餐店最终会关门的。"麦氏兄弟望着克罗克，笑道："现在不是很好吗？"克罗克大声叫道："那是因为有我的缘故！"麦氏兄弟点点头，然后又笑道："如果你嫌我们碍手碍脚，那你买去好了。"

这话正合克罗克的心意，便说："好，你们开个价吧。"麦氏兄弟半信半疑地瞪着他，继而又笑了，说："你买不起。""开价吧！多少？"克罗克被贪婪的麦氏兄弟惹火了。"270万。"麦氏兄弟说，"而且是美金。"克罗克呆住了。270万美元？这是一个天价！

"你可以不买，但是机会只有一次，三天以后，所有报纸上会出现麦当劳连锁权出让的信息，到时候自会有大批人前来购买。"麦氏兄弟冷笑着说。

看来，这一次麦氏兄弟是真的要卖掉连锁权了。怎么办？克罗克又一次面临选择：是买下来？还是离开？

经过一天一夜的思考，克罗克敲开了麦氏兄弟的办公室。5年后，克罗克还清了贷款，而麦氏兄弟被彻底赶出了快餐业。

心动还需行动，想到更要做到。克罗克为了实现自己心中的连锁帝国梦想，果断出手的选择态度实在值得我们学习。

变化中机智以对

不管你愿不愿意，时代的步伐总是向前，它不会以你我的意志为转移，更不会等我们半步。变化已经是这个时代唯一不变的真理！

如何在变化中求生存、求发展，这是时代对每个人的脑袋发起的不容回避的挑战。

1. 学习的实质是应对变化

一只鲷鱼和一只蝶螺在海中，蝶螺有着坚硬无比的外壳，鲷鱼在一旁赞叹着说："蝶螺啊！你真是了不起呀！一身坚强的外壳一定没人伤得了你。"

蝶螺也觉得鲷鱼所言甚是，正在得意扬扬的时候，突然发现敌人来了，鲷鱼说："你有坚硬的外壳，我没有，我只能用眼睛看个清楚，确知危险从哪个方向来，然后，决定要怎么逃走。"说着，说着，鲷鱼便"咻"的一声游走了。

此刻呢，蟛螺心里在想，我有这么一身坚固的防卫系统，没人伤得了我啦！

我还怕什么呢？便关上大门，等待危险的过去。

蟛螺，等呀等呀，等了好长一段时间，也睡了好一阵子，心里想着：危险应该已经过去了吧！

也就乐着，想探出头透透气时，冒出头来一看，便扯破了喉咙大叫："救命啊！救命啊！"

此时，它正在水族箱里，对面是大街，而水族箱上贴着的是：蟛螺××元一斤。

此时，不知你的感想如何，这篇禅学寓言告诉我们：过分封闭自己的人，都将丧失自我成长的机会，自陷危险之境而不自知！

同样的道理，你也听过煮青蛙的故事吧，当把一只青蛙放进一锅烧得滚烫的开水中时，它一下就会从里面跳出来，但是把青蛙放在温水里，然后在锅底下慢慢加温，青蛙在温水里自由地游泳，当水温慢慢升高的时候这只青蛙丝毫没有感觉，当它感觉到不舒服想跳出来的时候，双腿已经没有力量——它被煮熟了！

面对改变，我们时常会觉得有些不习惯，或者感觉有些压力，甚至是恐惧，可是我要告诉你：这正是你成长的时刻！

迅猛的变化、爆炸的资讯、时间和空间的巨大变革，你我之间的距离都不存在了！整个地球也只是一个"地球村"而已！

竞争的游戏规则已在不知不觉中改变……

人们曾引以自豪的成功经验也在一夜之间褪去了它往日的魔力，"一招鲜"似乎也不一定能吃遍天了……

面对着变化，很多人开始感到困惑、压力……最后麻木或者习惯！痛苦或者快乐！

有一点肯定无疑，我们正在激烈地告别传统，传统的技术、传统的知识、传统的教育、传统的制度、传统的道德，甚至是传统的智慧！变化已经是这个时代唯一不变的特征！

谁都会发现，不管你愿不愿意，时代的进步总是向前，它不会以你我的意志为转移，更不会等我们半步！

更多的变化！更多的挑战！当然其中也包含更多的机会！

《第五项修炼》作者彼得·圣吉说，在这个时代，你唯一的竞争优势就是比你的竞争对手学习得更快！更多！更好！

而学习的实质到底是什么呢？

没错，它就是"改变"！

2. 胜负的关键在于善算

变与算的关系是什么？《孙子兵法》中有一句话极其深刻，即"多算胜，少算不胜"。它告诉人们这样一个道理：做任何事之前，必须先在脑海中盘算好才能出手。切记不要盲目冲动，未经筹算就稀里糊涂地动手难免会失败。算与不算，大不相同。算则能巧取妙胜，不算则任意而去，哪管西东。特别值得注意的是：在以弱抗强时，只有认真算计，才能打过巧妙的对手。此为精明善变之计，即神算之计。再者，还要注意"多算"与"少算"的关系——越是反复思考，越是周密推算，越能赢得胜利；反之，就可能大打折扣，甚至招致惨败。因此，我们必须明白，一个"算"字的重要性，即不算不胜，多算必胜。善"变"的最高境界是神算。

不算不胜，善算必胜。人人都想有神算之善变术，以便取得胜局，但有人能为之，有人不能为之。神算之变常令人叫绝。三国风云，变幻万千，其中搅乱风云者，无非是军师、谋士。众所周知，诸葛亮便是一名"神算子"，他智谋过人，胆量过人。人人皆知的"草船借箭"就是诸葛亮的得意之作，也是《孙子兵法》算计高招的巧妙运用。

3. 预见要跟随事物发展而变

有些人总是以自我为中心，以为凡是自己预见的就都是正确的，就可以按自己的预测一股脑儿地走下去，结果怎样？他们常常得到两个字——惨败！

而成功者不仅善于预测事物的发展方向，而且更善于根据事物的发展变化趋势，及时更改已有的预见，在大多数人还处在按原有预见操作的时候，他已经先人一步，跳出了可能使他们掉入陷阱的危险圈。

1929年，在世界范围内爆发了一场经济危机，海上运输业也在劫难逃。当时，加拿大国营铁路拍卖产业，其中6艘货船10年前价值200万美元，现仅以每艘2万元的价格拍卖。希腊船王奥纳西斯本来决定把资金投入到矿业开发上，因为他和他的同事相信工业革命后对矿原料的需求将会剧增。但获此信息后，奥纳西斯像鹰发现猎物一样，立即赶往加拿大谈这笔生意。他这一反常态的举动，令同行们瞠目结舌，不可思议，以为他发疯了。

在海上运输业空前萧条的情况下，奥纳西斯也预见海运业将很难复苏，而矿业开发会随着工业革命对矿原料的需求，呈现剧增势头，这时他要按预见投资于矿业开发。

然而事物总是发展变化的，原有的预见也会与变化的情况相背离。海上运输的新形势就说明了这一点。面对萧条，货轮价格下跌到了惨不忍睹的程度，海上运输业也已沉入谷底。凡事物极必反。这正是投资中千载难逢的机遇。

奥纳西斯看到了这一点，足见其超人的智慧。这正是改变预见带来的成功。

果然不出所料，经济危机过后，海运业的回升和振兴居各行业前列。奥纳西斯从加拿大买下的那些船只，一夜之间身价大增，他的资产也成百倍地激增，使他一举成为海上霸主。

对市场变化反应迅速，把生意做在别人前面。当别人还未得到市场变化信息，我们已看准行情，商品大量倾销市场，或者已囤积居奇了。只有这样我们才能成功。

有时候，我们的预见是滞后的，我们可能只看到了事物的一面，而未看到另一面。所以，这就要求我们进行全面调查分析的同时，及时更改预见，使之符合客观实际。对我们的思考重新再思考，也是一个不错的提升自我成功概率的方法。我们应该记住。

4. 懂得变通，别等摔跤才回头

从前有两个年轻人，一个叫小山，一个叫小水，他们住在同一村庄，成为最要好的朋友。由于居住在偏远的乡村谋生不易，他们就相约到远地去做生意，于是同时把田地变卖，带着所有的财产和驴子远行了。

他们首先抵达一个生产麻布的地方，小水对小山说："在我们的故乡，麻布是很值钱的东西，我们把所有的钱换取麻布，带回故乡，一定会有利润的。"小山同意了，两人买了麻布细心地捆绑在驴子背上。

接着，他们到达了一个盛产毛皮的地方，那里也正好缺少麻布，小水就对小山说："毛皮在我们故乡是更值钱的东西，我们把麻布卖了，换成毛皮，这样不但我们的本钱回收了，返乡后还有很高的利润！"

小山说："不了，我的麻布已经很安稳地捆在驴背上，要搬上搬下多么麻烦呀！"

小水把麻布全换成毛皮，还多了一笔钱。小山依然有一驴背的麻布。

他们继续前进到一个生产药材的地方，那里天气苦寒，正缺少毛皮和麻布，小水就对小山说："药材在我们故乡是更值钱的东西，你把麻布卖了，我把毛皮卖了，换成药材带回故乡一定能赚大钱的。"

小山拍拍驴背上的麻布说："不了，我的麻布已经很安稳地在驴背上，何况已经走了那么长的路，卸上卸下太麻烦了！"小水把毛皮都换成了药材，还赚了一笔钱。小山依然有一驴背的麻布。

后来，他们来到一个盛产黄金的地方，那充满金矿的城市是个不毛之地，非常欠缺药材，当然也缺少麻布。小水对小山说："在这里药材和麻布的价钱很高，黄金很便宜，我们故乡的黄金却十分昂贵，我们把药材和麻布换成黄金，这一辈子就不愁吃穿了。"

小山再次拒绝了："不！不！我的麻布在驴背上很稳妥，我不想变来变去呀。"小水卖了药材，换成黄金，又赚了一笔钱，小山依然守着一驴背的麻布。最后，他们回到了故乡，小山卖了麻布，只得到蝇头小利，和他辛苦的远行不成比例。而小水不但带回一大笔财富，还把黄金卖了，便成为当地最大的富豪。谁能让思维变得更及时更快，谁就能赢得精彩；那些固守死理、一成不变的人，则只能永远平庸。

很多事实证明：我们自己刚开始认定的，并不一定永远都是正确的，一定要学会变换。这就是说，人生总会碰到许多走不通的路，这时候，我们应当换个角度考虑问题，重新操作。成大事者的习惯是：如果这条路不适合自己，就立即改换方式，重新选择另外一条路。

我们形容顽固不化的人时常说某个人是："一条路跑到底，不撞南墙不回头"。这些人有可能一开始方向就是错误的，他们注定不会成大事。南辕北辙、背道而驰固然不行，方向稍有偏差，也会"失之毫厘，谬之千里"。还有一种可能是当初他们的方向是正确的，但后来环境发生了变化，他们不适时调整方向，结果只能失败。

杜邦家族就懂得这个道理，他们懂得随机应变。"我们必须适时改变公司的生产内容和方式，必要的时候要舍得付出大代价以求创新。只有如此，才能保证我们杜邦永远以一种崭新的面貌来参与日益激烈的市场竞争。"这是一位杜邦总裁对他的家族和整个杜邦公司的训诫。事实正是如此，世界上很少有几家公司能在为了创新求变而开展的研究工作上比杜邦花费更多的资金。每天，在威尔明顿附近的杜邦实验研究中心，忙碌的景象犹如一个蜂窝，数以千计的科学家和助手们总是在忙于为杜邦研制成本更低廉的新产品。数以千万计的美元终于换来了层出不穷的发明：高级磁漆、奥纶、涤纶、氯丁橡胶以及革新轮胎和人造橡胶。这里还产生了使市场发生大变革的防潮玻璃纸以及塑料新时代的象征——甲基丙烯酸，也正是在这里研制成了使杜邦赚钱最多的产品——尼龙。

1935年，杜邦公司以高薪将哈佛大学化学家华莱士·G·卡罗瑟斯博士聘入杜邦。此时卡罗瑟斯已研制了一种人造纤维，它具有坚韧、牢固、有弹性、防水及耐高温等特性。卡罗瑟斯走进杜邦经理室时说："我给你制成人造合成纤维啦。"杜邦的总裁拉摩特祝贺卡罗瑟斯博士取得成功的同时，微笑着说："杜邦永远都需要像博士这样善于创新的人。继续努力吧，博士，我们需要更能赚钱的产品。"于是，卡罗瑟斯用了杜邦2700万美元的资本，用了他自己9年的心血，研制出了更能适应杜邦商业需要的新产品——尼龙。世界博览会上，杜邦公司尼龙袜初次露面就立刻引起了巨大的轰动。

一个真正的企业家不仅要有经营管理的才能，更需要有一种商业预见能力。正如杜邦公司第六任总裁皮埃尔所言："如果看不到脚尖以前的东西，下一步就该摔跤了。"的确，在日趋激烈的商业竞争中，如果没有一定的眼光，不能做出比较切合实际的预见，那企业是很难发展下去的。

第一次世界大战使杜邦公司很快地捞了一大笔，然而，杜邦并没有被暂时的超额利润所迷住，早在大战初期，皮埃尔就已意识到天下没有不散的筵席，战神阿瑞斯总有一天要收兵，不再撒下"黄金之雨"，于是他开始使公司的经营多样化，一方面他紧盯着金融界，一心要打入新的市场，开辟新领域；另一方面他必须为杜邦公司开辟一块有着扎实根基的新领域。几经斟酌，皮埃尔选定了化学工业作为杜邦新的发展方向，他要将杜邦变成一个史无前例的庞大化学帝国。

"我们不能在求变创新的同时把企业引向死胡同，我们的创新变革必须有相当的依据。"皮埃尔如此说，事实上他的选择也正印证了这一点。杜邦之所以将军火生产转向了化学工业，一则因为化学工业与军工生产关系密切，转产容易，不必做出重大的放弃行为，而且将来一旦烽火再起，再回头生产军火也很方便，不需太大变动；二则其他行业大多被各财团瓜分完毕，唯有化学工业比较薄弱，且潜力极大。事实上，杜邦家族第二代由于经营化工用品而发迹的家史就证明了这一转变是极为成功的。

也许是杜邦家族财大气粗的缘故吧，杜邦公司求变创新的主要途径便是不惜重金，但求购得。杜邦不仅要买新产品的生产方法，还要买产品的专利权，甚至连新产品的发明者也一并买回为杜邦效力。

1920年，杜邦与法国人签订了第一项协议，以60%的投资额与法国最大的粘胶人造丝制造商——人造纺织品商行合办杜邦纤维丝公司，并在北美购得专利权。在法国技术人员指导下，杜邦在纽约建立了第一家人造丝厂。人造丝的出现，引起了从发明轧棉机以来纺织工业的最大一次革命，导致了1924年以后棉花的衰落。杜邦公司又赶紧买进法国人的全部产权，以微小的代价，购得了美国国家资源委员会在1937年列为20世纪六大突出技术成就中的一项，与电话、汽车、飞机、电影和无线电事业居于同等重要的地位。接着，杜邦公司如法炮制，将玻璃纸、摄影胶卷、合成氨的产权买回美国，一个真正的化学帝国建立起来了。

当第二次世界大战的乌云在欧洲云集的时候，杜邦公司又一次适时求变，大刀阔斧地转向军火工业，大转换的速度之快足以令人瞠目结舌。一年之间，杜邦公司召集了300个火药专家，将庞大的化学帝国变成了世界上最大的军火工业基地。

杜邦在生产内容和方式上的创新及前面讲过的形象改变，是杜邦家族得以保持辉煌的关键。否则，杜邦家族早在人们的骂声中败落了。

面对选择要舍得

既然是选择，则至少有两条路摆在你面前，才可以称得上面临选择。选择难作，很多时候"难"就难在"舍不得"三个字上。

看准了一个商机，想辞公职下海，又留恋旱涝保收的清闲公职。犹豫，权衡，拿不定主意，下不了决心——类似的艰难选择我们几乎人人都经历过或正经历着。

对于选择一份稳定的工作，还是选择在商海中实现自己的人生价值，这个问题要视各人的具体情况定夺。但无论如何，你要有一种舍得放弃的气魄，才能做出选择。你若既放不下公职，又放不下心里那个商机，就永远只能在选择的泥潭里痛苦挣扎。

1. 没有两全其美的好事

选择的本质就是——拿起与放下。我们的手握不住太多的东西，因此必须学会放弃，放弃是为了获得。放弃一个机会，是为了抓住另一个更好更难得的机会。像比尔·盖茨上大学时中途辍学，就是一个明智的选择——对于他来说。放弃银子，是为了换回金子和钻石。这是一种艺术！

有一个报纸的推广员曾在他的演讲中提道：

"上街卖报纸的那个星期，我的推销在一位中年男人面前遭遇挫折。

可气的是他告诉我他不买本报的理由是因为报纸版数太多，他每次都看不完全部版面，觉得有点亏。你能想象得出来，当时我对着这个读者真是哭笑不得。花同样多的钱买一份物超所值的报纸，版数多不好，难道版数少倒好了？看你喜欢的内容，不喜欢的部分当废纸扔了就是了，谁逼着你非把整张报纸读完了？"

"问题是似乎持有这种想法的人还不止他一个，生气的话还真生不过来。我想了很久才明白，报纸苦心孤诣将内容分叠，以便不同的读者各取所需，可是，对有些人来说，他不是不会选择，而是不会放弃。他不知道他可以扔掉一些东西，结果把自己弄得无所适从"。

道理并不复杂，就是有人不明白，有什么办法？其实你看，编辑们为你精心编制的这份报纸，处处都是选择，处处也是放弃。流行乐传媒大奖每次获奖的是那么两三个人四五张碟，他们从数十张同类面孔中脱颖而出呈现在你的眼前。可能仅仅因为多一张选票，那是评委们选择的结果，也是放弃的结果。选择周杰伦、黄耀明是放弃齐秦、阿杜等人的结果，选择莫文蔚是放弃孙燕姿、林忆莲等人的结果。

大师卡尔维诺在他的《命运交织的城堡》里讲过一句极富哲理的话：每个选择必然有个反面，亦即放弃。选择与放弃在本质上并无差别。

人们难得有自知之明，即使是一些伟人，往往也会因为舍不得放弃而犯错。巴尔扎克在初期创作失败后投笔从商，去当出版家。这个外行的出版家受尽欺骗，很快失败。紧接着，他又当一家印刷厂的老板，无论怎样拼命挣扎终是失败，从此欠下了不少债，债务越滚越大。警察局下通缉令拘禁他，债权人也搅得他没有一刻安宁，他只好隐姓埋名地躲了起来。此时他终于醒悟，多年来自己游移不定，根本没有集中精力从事文学创作。于是他夜以继日地认真写作，成为惊人的高产作家。然而直到逝世前，他尚欠21万法郎的巨额债务，这不能不说是一位天才的悲哀。

　　职业选择需要舍弃，舍弃许多椅子，而只能选择其中的一把。人在面临选择的时候是脆弱的，但目标只能确定一个，这样才会凝聚起人生的全部合力，将其攻下。确定了目标选定了路，不管路有多崎岖，同行者怎样寥寥，你都要忍受孤独和寂寞将它走完。尤其是诱人的岔路口，你必须不改初衷，有心无旁骛的坚定信念和超然气度。

　　人的自我定位如此，企业的自我定位也是如此。诺基亚放弃了包括当时市场很好的电视在内的许多产品，独选择了当时市场不怎么看好的无线通信产品。诺基亚成功了。我们有很多企业却像万能手一样什么行业都想涉足，只要哪行赚钱就干哪行，一个品牌承受着太多产品的拖累。像这样的企业太多了，一荣不能全荣，但一伤肯定是俱伤的。

　　舍得舍得，有舍才有得。中国有句老话："有所不为才能有所为。"去除那些对你是负担的东西，停止做那些你已觉得无味的事情。只有放弃才能专注，才能全力以赴。

　　见到房东正在挖屋前的草地，一个房客有点儿不相信自己的眼睛："这些草你要挖掉吗？它们是那么漂亮，而你又花了多少心血呀！""是的，问题就在这里。"他说，"每年春天我要为它施肥、透气，夏天又要浇水、剪割，秋天要再播种。这草地一年要花去我几百个小时，谁会用得着呢？"

　　现在，他在原先的草地上种上了一棵棵柿子树，秋天里挂满了一只只红彤彤的小灯笼，可爱极了。这柿子树不需要花什么精力来管理，使他可以空出身子干些他真正乐意干的事情。

　　有目的地放弃已拥有的，并且平静地等待失去，是成功必备的心态之一。如果你清楚地知道，自己身上的恶习会阻碍自己拥有成功，你会不会放弃？如果你知道，与别人斗嘴而生气，是你在帮对方一同在气你，你会不会放弃生气的心情？如果你知道，你爱的人移情别恋，你是放弃她还是放弃自己去拥有新的选择？如果你丢了钱，是否会失去一份开心的心情？

在你做错事的时候，在有些东西影响你的时候，在你心情不好的时候，在你失败的时候，记得放弃法则。

当你决定要健康的时候，可能要放弃睡懒觉，可能要放弃巧克力糖，可能要放弃美食……要成功，你就必须决定你要放弃什么。

你必须问自己："为了要达到目标，我必须放弃哪些事情？为了使我更成功，必须停止哪些事情？"当你能够以这样的思考模式来转换你的思想，来改善你的行动方案时，你就会变成一个非常积极、非常有行动力的人。当你每天做成功者每天做的事情，舍弃失败者常做的事情，你一定会成功。

鱼和熊掌不可兼得，满天麻雀不要都想去抓。

2. 放弃才能获得

有位记者曾经采访过一位事业上颇为成功的女士，请教她成功的秘诀，她的回答是——放弃。她用她的亲身经历对此作了最具体生动的诠释：为了获得事业成功，她放弃了很多很多：优裕的城市生活、舒适的工作环境、数不清的假日、甚至身体健康、甚至生命安全……

有时，当提议朋友们一起聚会或集体旅游时，我们常常会听到朋友类似的抱怨：唉，有时间时没钱，有钱时又没有时间。其实，人生是不存在一种很完美的状态的，你只能在目前的情况与条件下做出你自己的决定。选择不能拖欠，当你想着等待更好的条件时，也许你已经错过了选择的机会。

该放弃时一定要放弃，不放下你手中的东西，你又怎么去拿起另外的东西呢？

天道吝啬，造物主不会让一个人把所有的好事都占全。鱼与熊掌不可兼得，有所得必有所失。从这个意义上说，任何获得都是以放弃为代价的。人生苦短，要想获得越多，自然就必须放弃越多。不懂得放弃的人往往不幸。曾听朋友说起过他们单位的一个女人的故事，其人年逾不惑仍待字闺中。不是她不想结婚，也不是她条件不好，错过幸福的原因恰恰在于她想获得太多的幸福，或者说，她什么也不肯放弃：对于平平者她不屑一顾，有才无貌者她也看不上眼，等到才貌双全了，地位低微又使她的自尊心虚荣心受到极大的刺痛……有没有她理想中的白马王子呢？也许有，但我猜想，那一定是在天上而不在人间。

每一次默默地放弃，放弃某个心仪已久却无缘分的朋友，放弃某种投入却无收获的事，放弃某种心灵的期望，放弃某种思想，这时就会生出一种伤感，然而这种伤感并不妨碍我们去重新开始，在新的时空内将音乐重听一遍，将故事再说一遍！因为这是一种自然的告别与放弃，它富有超脱精神，因而伤感得美丽！

曾经有种感觉，想让它成为永远。过了许多年，才发现它已渐渐消逝了。后来悟出：原来握在手里的不一定就是我们真正拥有的，我们所拥有的也不一定就是我们真正铭刻在心的！继而明白人生很多时候需要一种宁静的关照和自觉的放弃！

世间有太多的美好的事物，美好的人。对没有拥有的美好，我们一直在苦苦的向往与追求。为了获得，忙忙碌碌，真正的所需所想往往要在经历许多流年后才会明白，甚至穷尽一生也不知所终！而对已经拥有的美好，我们又因为常常得而复失的经历而存在一份忐忑与担心。夕阳易逝的叹息，花开花落的烦恼，人生本是不快乐的！因为拥有的时候，我们也许正在失去，而放弃的时候，我们也许又在重新获得。对万事万物，我们其实都不可能有绝对的把握。如果刻意去追逐与拥有，就很难走出外物继而走出自己，人生那种不由自主的悲哀与伤感会更加沉重！

所以生命需要升华出安静超脱的精神。明白的人懂得放弃，真情的人懂得牺牲，幸福的人懂得超脱！当若干年后我们知道自己所喜爱的人仍好好的生活，我们会更加心满意足！"我不是因你而来到这个世界，却是因为你而更加眷恋这个世界。如果能和你在一起，我会对这个世界满怀感激，如果不能和你在一起，我会默默地走开，却仍然不会失掉对这个世界的爱和感激——感激上天让我与你相遇与你别离，完成上帝所创造的一首诗！"生命给了我们无尽的悲哀，也给了我们永远的答案。于是，安然一份放弃，固守一份超脱！不管红尘世俗的生活如何变迁，不管个人的选择方式如何，更不管握在手中的东西轻重如何，我们虽逃避也勇敢，虽伤感也欣慰！

有一种美丽叫作放弃。我们像往常一样向生活的深处走去，我们像往常一样在逐步放弃，又逐步坚定！

3. 选择执着，还是放手

执着跟放手都需要很大的勇气。在追求自己的执着时，往往要做出牺牲，而那样的牺牲就叫作放手，在决定放手的时候，又经常是为了追逐别的。想要天底下出现事事完美的好状况，概率实在是低得可以。

——这就是选择。

选了这个，就得放弃那个，要想两手都抓，到头来很可能发现自己落个什么都没得到的下场。

记得有一首歌的歌词大概是这样的：

"如果全世界我都可以放弃，至少还有你值得我珍惜，也许全世界我也可以忘记，就是不愿意失去你的消息。"

你，还有你的消息，可以说是执着，连全世界都比不上，而全世界就是选择中被归类于可以放手的事物。我们无意探究选择的正确与否，毕竟每个人都有不同的考虑。但是，在做出选择的时候，舍不得可以说是最容易出现的问题和苦恼。

舍不得。

说什么都不可能就这样舍弃一个对我们来说有重大意义的东西，不管它究竟能不能以金钱估其值。可是硬要选呢？选择爱情，还是面包？

选择轰轰烈烈，浓烈到死去活来的爱情，还是选择平静无波的恬淡关爱？选择能够让自己站上世界舞台的事业，还是选择每天都可以开开心心的跟心爱的人一起吃晚餐？选择执着，还是放手？

有时候，放手是不得不做的选择。

可是能够完全放下的人不多。

一个朋友曾经说，"就让时间告诉我们答案吧"。

我不这么想。

时间只是疗伤的工具，答案是人自己给的。

或许答案的杀伤力可以要了我们的命，可是我们选择勇敢地接受它。通过口中的嘶喊和狂奔的泪水，我们知道自己心中所受的创痛，也可能因为深深的悲哀而造成精神上的麻痹，在他人看来，我们一点儿反应也没有。

可是我们做出了选择。英语里有句名言讲道：

You choose something, and you lose something else. That's trade - off.

你有所选择，同时你就有所失去。这是一种交换。

我们选择了自己，放弃看起来很重要的事物，例如爱情。我们放弃了自己，选择了对我们来说甚至强过生命的东西，例如爱情。说来说去，执着的东西不同而已。在选择之后，往往是因为后悔而让我们质疑当初那种痛下决心的勇气。

有个成功的商界女士在她的文章里写道："几年之后，悔恨放弃了美好世界的一切，只为了追求与他的爱情。几年之后，悔恨放弃了一个好男人，说是追求自己的成就，可是现在自己站在顶楼办公室的落地窗前，又如何？两者之间真的不能兼得吗？"

也许我们可以说，选择的本质就是一种矛盾。站在岔路口，做出了选择，就是我们下定决心。要走向前看起来是最好答案的道路。

人常说，要看自己得到了什么，不要看自己失去了什么。可是之所以会有这样的话出现，就代表人一定会想自己失去了什么。如果说在执着或是放手之中必须做出选择，只不过是决定要把创口放在哪里的话，就让我们祈愿，我们的心灵都能够因为这样的伤而变得更加坚强。

套一句某出戏中的对白：

"如果说这样是让我的心灵被狠狠的切去一大块，就让它能够像蜥蜴的尾巴一样，虽然说断掉了，但是还能够不断地再长出来。"如果说选择都必须经过挣扎的煎熬，就让我们在煎熬之后能够将自己再次锤炼得更贴近自己与生俱来的本质。仔细的思量加上灵魂深处的勇气，将成就我们在面对每一次的选择。只要有了每一次执着或放手的那种无畏，即便有悔恨和不舍横阻面前，我们都能够洞察来自心底的声响，向前迈步。在人的生命旅途中有很多事是要选择的。既然痛下决心了，就不要再想什么后悔不后悔的问题了，舍得舍得这两个字是分不开的，有舍才有得，决定了就别反悔，生命的火车是不等人的，也许在你做决定的同时，你已经失去了一些东西也说不定呢。

第三章　想得再好不如开始行动

现实是此岸，理想是彼岸，中间隔着湍急的河流，行动则是架在河流上的桥梁。

——克雷洛夫

想得好是聪明，计划得好更聪明，做得好是最聪明又最好。

——拿破仑

只有行动赋予生命以力量。

——利希特

有个破落的中年人每隔三两天就到教堂祈祷，而且他的祷告内容几乎都相同。

第一次他到教堂时，跪在圣坛前，虔诚地低语："上帝啊，请念在我多年来敬畏您的份儿上，让我中一次彩票吧！阿门。"

几天后，他又垂头丧气地回到教堂，同样跪着祈祷："上帝啊，为何不让我中彩票？我愿意更谦卑地服侍您，求您让我中一次彩票吧！阿门。"

又过了几天，他再次出现在教堂，同样重复他的祈祷。如此周而复始，不间断地祈求着。

到了最后一次，他跪着祈祷："我的上帝，您为何不垂听我的祈求？让我中彩票吧！只要一次，让我解决所有困难，我愿终身奉献，专心侍奉您……"

就在这时。圣坛上空发出了一阵宏伟庄严的声音："我一直垂听你的祷告。可是——最起码，你老兄也该先去买一张彩票吧！"

把一粒种子放进显微镜里分析，会发现它就是由纤维、碳水化合物及一些常见的化学物质所组成，没什么特别之处。但把它放在泥土里，给予水分和阳光，神奇的事情就出现了，它会发芽成长，开花结果，它可能是养活众生的稻米谷物，可能是为生命添上色彩的鲜艳花卉，也可能是为世界提供氧气的参天巨木。

人的想法也像一粒种子，在酝酿阶段时是那么平凡、毫不显眼，但把它放在合适的"泥土"里，加入"养分"和"水"，让"阳光"照耀着它，它同样会发芽生长，甚至会产生一种神奇的力量。

想到就要做到，说来容易做起来却不那么容易。许多想法，我们只是停留在构想上，却拿不出果断的决心与信心，迈开自己的脚步。更何况就算迈出了第一步，之后是否有始有终，又要靠毅力与恒心。很多人往往是凭一股子冲劲做了一阵还未见成果，便心灰意懒，如果其间再加上一些外力的干扰，则干脆终止。

行百步者半九十。开始一件工作，所需的是决心与热诚；完成一件工作所需的是恒心与毅力。缺少热诚，工作无法发动。只有热诚而无恒心与毅力，工作是不能完成。

古罗马和古希腊有两个著名的演说家，一个叫西塞罗，一个叫狄莫西尼斯。每当西塞罗的演讲结束时，听众都一起鼓掌并大叫："说得真好，我又学到了新的知识！"每当狄莫西尼斯的演讲结束时，听众都转身就走："说得真好，让我们开始行动吧！"

我们每天在脑海里都会有许多新想法。在这些想法中，不凡有一些优秀的创意。如果我们仅仅只是对自己说："想得真好，我又有了新的想法！"这又有什么意义呢？学学那些听了狄莫西尼斯的演讲的人吧，让我们有了好的创意，转身就走，说："想得真好，让我开始行动吧！"

不行动，想法只是空想

　　我们这个世界缺少的是实干家，却从来不缺少空想家与空谈家。那些爱空想的人，似乎有满腹经纶，是思想的巨人，却是行动的矮子。这样的人，只会为我们的世界平添混乱，自己一无所获，而不会创造任何的价值。

　　作家海明威就推崇实干而不崇尚空想与空谈，并且在其不朽的作品中，塑造了无数推崇实干而不尚空谈的"硬汉"形象。作为一个成功的作家，海明威有着自己的行动哲学。"没有行动，我的感觉会十分痛苦，简直是痛不欲生。"海明威说。正因为如此，读他的作品，人们发现其中的主人公们从来不说"我痛苦""我失望"之类的话，而只是说"喝酒去""钓鱼吧"。

　　海明威之所以能写出流传后世的名著，就在于他一生行万里路，足迹踏遍了亚、非、欧、美各洲。他的作品大部分背景都是他曾经去过的地方。在他实实在在的行动下，他的确取得了巨大的成功。

　　思想虽然是好东西，但更要紧的是付诸行动。人生本来就是要在行动中实现的。

　　千里之行，始于足下。对成功之路说一千道一万，最终还是归结于脚踏实地的行动。拿破仑·希尔说："在通向失败与绝望的路上，堆满了没有付诸行动来实现的梦想。"

　　美国演员乔治在决定提早退休去追求毕生梦想的表演事业之前，曾在陆军服役长达14年。朋友和家人们听到他要离开生涯有保障的军职都说他疯了。他们提醒他只要再等6年，便可以领到全额的退休金。有些人还指出，演员的生活奋斗不易，甚至说像他这种年纪还想成为电影明星简直就是做梦。不管成功的可能性有多少，不顾其他人的建议如何，乔治还是勇敢地前往好莱坞。经过一段辛苦与忍耐，乔治终于实现了他的梦想。后来他又继续在一系列成功的电视、电影中担任角色，并因在电视剧中扮演"酷哥韩德鲁克"一角而荣获艾美奖。

现在就是开始行动的时候——任何行动——只要可以使进度有所进展。

1. 想好了就去做

美国第三届总统杰弗逊说过"当你有一个伟大的主意时，就放手去做吧！"这位和华盛顿一起领导美国人民取得独立的卓越人士自己也是这样做的。当你认定了一件事，赶快付诸行动，努力探索，成功的希望至少有50%；但如果你的好主意和奇妙构想只停留在嘴上，成功的机会连1%也没有，只有那些认定方向、积极行动的人，才能改变自己的命运，拥有大笔的财富。

著名的松下电器创始人松下幸之助就是一个能放手去做的人。1910年10月，松下幸之助进入一家电灯公司，担任一名安装室内电线的实习工。他在7年后辞职，自己开设工厂，制造电灯灯头，终于发展成为日本乃至全世界第一流的家庭电器用品制造厂家。出身贫寒的松下幸之助是怎样白手起家的呢？

日本明治维新以后，欧美各国新的交通工具与先进技术都逐渐进入日本。电车是其中最引人注意的交通工具之一，松下通过预测、推想和分析认为各线电车一旦完成通车，自行车的需要就会减少，将来这种行业不太乐观。相反，与电车相关的电气事业因为能满足人们的迫切需要，日后一定能兴盛起来。

由于具有敏锐感和对事物发展方向的正确预测，松下才能不被过去与现在的事务所羁绊，才能随时随地表现出决断能力来。这是松下幸之助成功的重要因素之一。

于是，松下幸之助毅然辞去了人人羡慕的自行车店的工作，来到大阪电灯公司当一名内线实习工。尽管他对电的知识一窍不通，但由于这是他兴趣所在，所以学起来得心应手，很快便掌握了安装和处理技术，成为熟练的独立技工。由于工作出色，1911年，松下晋升为工程负责人。

在工作中，松下改良并试制出了一种新产品，而上司却对此态度冷淡，松下为自己的发明遭到冷落感到惋惜和不服，产生了挫折感。他感觉到，即使在自己向往的电灯公司工作，也不能使自己的志向和才能得到充分施展；唯一的办法是，另立门户自己创业。于是，他在大阪市一个地方租了一间不足10平方米的房间，开办了一家小作坊，职工共有5人，包括松下夫妇及弟弟井植岁男（后成为三洋电机公司的创始人），产品便是松下发明的新式电灯插口。这就是闻名全球的松下电器公司的雏形。

工厂成立后，松下面临的却是失败。1917年10月，电灯插口制作成功，但10天内仅卖出100个，营业额不足10日元，不仅没有盈利，连本钱都赔光了。全家只能靠典当物品艰难度日。

但松下并没有被眼前的困难吓倒，因为他相信，自己的努力一定能带来真正有价值的东西。同年年底，机会来了，川比电气电风扇厂让松下替该厂试制1000个电风扇绝缘底盘。这对困境中的松下来说如同久旱逢甘霖。松下反复试验，解决了技术难题，与妻子、弟弟一起日夜奋战，在年关迫近时如期交了货，且质量博得好评。结果，松下在年底获得了800日元的盈利。

1918年3月，松下幸之助在大阪市北区西野田成立松下电气器具制作所，从而迈出了他创业生涯中成功的第一步。经过数十年的艰苦经营，松下终于使自己的企业成为以生产电子产品为主的国际性庞大的企业集团。公司规模在日本仅次于丰田与日立两个公司，拥有职工约20万人，资产约500亿美元。松下幸之助从白手起家变成了富可敌国的企业家。

从松下幸之助的经历可以看出，放手去做，尽管会遇到许多困难，但命运是公平的，付出最终有收获。所以只要是认定的事，就别再犹豫，朝着成功的理想执着追求吧！

2. 成功始于行动

波特坐在牢房里，想着使他入狱的那桩愚蠢的侵占罪。他想他现在唯一得到的就是很多的空闲时间，由于整天坐牢，所以他认为好像没有什么他可以做的工作了。

但实际上还有他可以做的事，而他也真的做了。他开始以欧·亨利的笔名写一些短篇故事并向杂志社投稿。当他出狱时他已经是美国最受欢迎的短篇小说家了，他刚离开监狱就走向了成功。

爱维斯也是一位行动派，当他还是空军军官时，就经常来往于全国各地。他发现如果能够直接在机场就租到车子，该是多么方便的一件事情啊！虽然他当时的1万美元储蓄还不足以让他成立租车公司，但他以他的进取心拟订了一份营业计划，并向银行申请贷款。就在8年之内，他已在全美各机场设置了租车中心，并且以大约800万美元卖掉了他的公司。由于他愿意为达到他的明确目标做任何付出，所以他的投资为他带来了8%的回报率。

上述两个人的成功，分别从坐牢期间和服役期间作为开始，但他们都了解为了使自己的一生能成就一些事情，他们必须想到做到。

有一位名叫西尔维亚的美国女孩，她的父亲是波士顿有名的整形外科医生，母亲在一家声誉很高的大学担任教授。她的家庭愿意帮助和支持她，她完全有机会实现自己的理想。她从念中学的时候起，就一直梦想当电视节目的主持人。她觉得自己具有这方面的才干，因为每当她和别人相处时，即使是生人也都愿意亲近她并和她长谈。她知道怎样从人家嘴里"掏出心里话"。她的朋友们称她是他们的"亲密的随身精神医生"。她自己常说："只要有人愿给我一次上电视的机会，我相信一定能成功。"

但是，她为达到这个理想而做了些什么呢？什么也没有！她在等待奇迹出现，希望电视节目主持人的职位主动向她招手。

西尔维亚不切实际地期待着，结果什么奇迹也没有出现。谁也不会请一个毫无经验的人去担任电视节目主持人，而且节目主管也没有兴趣跑到外面去搜寻天才，因为他们的门前已经挤满了求职者。

另一个名叫辛迪的女孩却实现了西尔维亚的理想，成了著名的电视节目主持人。辛迪之所以会成功，就是因为她知道，"天下没有免费的午餐"，一切成功都要靠自己的努力去争取。她不像西尔维亚那样有可靠的经济来源，现实环境不允许她等待。她白天去打工，晚上在大学的舞台艺术系上夜校。毕业之后，她开始谋职，跑遍了洛杉矶每一个广播电台和电视台。但是，每个地方的经理对她的答复都差不多："不是已经有几年经验的人，我们不会雇用的。"

但是，她不愿意退缩，下决心继续寻找机会。她一连几个月仔细阅读广播电视方面的杂志，终于看到一则招聘广告：北达科他州有一家很小的电视台招聘一名天气预报的女主持。

辛迪是加州人，不喜欢北方。但是，有没有阳光、是不是下雨都没有关系，她希望找到一份和电视有关的职业，干什么都行！她抓住这个工作机会，动身到北达科他州。

辛迪在那里工作了2年，后来在洛杉矶的电视台找到了一个工作。又过了5年，她终于得到提升，成为她梦想已久的节目主持人。

为什么西尔维亚失败了，而辛迪却如愿以偿呢？西尔维亚那种失败者的思路和辛迪这些成功者的观点正好背道而驰。分歧点就是：西尔维亚在10年当中，一直停留在幻想上，坐等机会；而辛迪则是采取行动，最后，终于实现了理想。

只会幻想不采取行动的人，永远不会成功。而行动是实现理想的唯一途径。

行动是实现目标的手段——没有行动就无法接近真正的人生目标。但对大多数人来说,行动的死敌是犹豫不决,即碰到问题,总是不能当机立断,思前想后,从而失去最佳的机遇。这是力求成功者必须力戒的一点。

马萨诸塞州的州长安德鲁在1861年3月3日给林肯的信中写道:"我们接到你们的宣言后,就马上开战,尽我们的所能,全力以赴。我们相信这样做是美国和美国人民的意愿,我们完全废弃了所有的繁文缛节。"1861年4月15日那天是星期一,他在上午从华盛顿的军队那边收到电报,而第二个星期天上午9点钟他就做了这样的记录:"所有要求从马萨诸塞出动的兵力已经驻扎在华盛顿与门罗要塞附近,或者正在去往保卫首都的路上。"

安德鲁州长说:"我的第一个问题是采取什么行动,如果这个问题得到回答,第二个问题就是下一步该干什么。"

英国社会改革家乔治·罗斯金说:"从根本上说,人生的整个青年阶段,是一个人个性成型、沉思默想和希望受到指引的阶段。青年阶段无时无刻不受到命运的摆布——某个时刻一旦过去,指定的工作就永远无法完成,或者说如果没有趁热打铁,某种任务也许永远都无法完工。"

有一句俗语几乎可以成为很多人的格言警句,那就是:任何时候都可以做的事情往往永远都不会有时间去做。当有人问约翰·杰维斯(即后来著名的温莎公爵),他的船什么时候可以加入战斗,他回答说:"现在。"

与其费尽心思地把今天可以完成的任务千方百计地拖到明天,还不如用这些精力把工作做完。而任务拖得越后就越难以完成,做事的态度就越是勉强。在心情愉快或热情高涨时可以完成的工作,被推迟几天或几个星期后,就会变成苦不堪言的负担。在收到信件时没有马上回复,以后再想回信就不那么容易了,甚至还会忘记回信。许多大公司都有这样的制度:所有信件都必须当天回复。

当机立断常常可以避免做事过程中的乏味和无趣。拖延则通常意味着逃避,其结果往往就是不了了之。做事就像春天播种一样,如果没有在适当的季节行动,以后就没有合适的时机了。无论夏天有多长,也无法使春天被耽搁的事情完成。

"没有任何时刻像现在这样重要，"爱尔兰女作家玛丽·埃及奇沃斯说，"不仅如此，没有现在这一刻，任何时间都不会存在。没有任何一种力量或能量不是在现在这一刻发挥着作用。如果一个人没有趁着热情高昂的时候采取果断的行动，以后他就再也没有实现这些愿望的可能了。所有的希望都会消磨，都会淹没在日常生活的琐碎忙碌中或者会在懒散消沉中流逝。"

在人寿保险事业里，对于一年卖出100万元以上保险的人设有光荣的特别头衔，叫作"百万圆桌"。在孟列·史威济的故事中，最使人惊讶的是：在他把突发的想法付诸实行以后，在动身前往阿拉斯加的荒原以后，在沿线走过没人愿意前来的铁路以后，他一年之内就做成了百万元的生意，因而赢得了"圆桌"上的一席地位。假使他在突发奇想时，对于做事的决心有半点迟疑，这一切都不可能发生。

3. 告诉自己"可以做到"

不知是谦虚还是胆怯，我们开始某项事物前，往往先考虑做不做得到，接着就开始怀疑自己做不到。

即使是明明做得到的事，还是先客气地说："不知道做不做得到，我先试试看。"这难道就是所谓的中国人传统的美德吗？

不过，会找上你的事，通常都是你足以胜任的事。也只有你做得到的事才会找上你。比方说，就算有人来拜托你"借我一千元"，也不会有人跟你说"借我一亿元"吧。你显然做不到的事，通常不会找上你。所以，如果你该做的事就在眼前，你却认为自己"做不到"，这其实只是你自己这么想，是一种心理错觉。

这和"即使明知做不到，只要认定做得到就会成功"这种狂想不一样，因为是你把其实做得到的事误认为"做不到"。

当你觉得"做不到"时，即使人家告诉你"做得到"，往往也无法立刻相信自己做得到，不过如果人家告诉你"你以为做不到，其实只是一种错觉"，你会有什么反应呢？啊，原来是错觉，这样啊，然后应该就会觉得可以自己修正轨道了吧？既然以为做不到只是错觉，那其实做得到嘛，你应该会有这种感觉吧？其实你本来就做得到。许多人往往就是被这种小小的错觉给骗了。

认为"做不到"的事情做到了，可以称之为"奇迹"。"奇迹不就是因为难得发生所以才叫作奇迹吗？"可能有很多人心里会这么想吧。

不，没那回事。奇迹就是因为会发生才叫作奇迹。人人都有创造奇迹的可能性，能够发挥自己力量的人更容易创造奇迹。

不相信的话，你可以看看体坛，应该就会明白奇迹的发生远比我们以为的多。不论是篮球、棒球或网球比赛，都常有戏剧性的大逆转。这是因为选手们发挥自己所有的力量奋斗不懈。

因此，即使是平常的工作，如果你能像运动那样卖力，奇迹就会发生。所谓像运动那样卖力，就是珍惜现在，拼命专注在工作上。至于那些对工作漫不经心，反正还来得及，干脆明天再做，用这种态度工作的人，奇迹就不会发生。

不过话说回来，如果叫你从早到晚，一刻不休地工作，的确会叫人受不了。所以假设说当你觉得显然做不到、来不及时，可以随它去，可是当你觉得再努力一下可能可以过关时，你就应该努力试试看。当你觉得已经到极限时，试着再进一步就好。这样的话，有一天奇迹就会出现。

4. 现在就是开始行动的时候

"现在就去做"可以影响我们生活中的每一部分，它可以帮助我们去做该做而不喜欢做的事；在履行自己的职责时，它可以叫我们不推脱、延迟。

莫耶士就读于北得州州立大学时，硬着头皮写信给总统候选人詹森，自愿加入助选团，为詹森争取州选票。莫耶士勇敢跨出这么一步，使他成为公众人物。在极短的时间内，成了美国总统的新闻秘书，然后当上某电视新闻网的评论员，有机会成为美国有史以来最有影响力的广播人。莫耶士多年来始终拥有展现才华的机会，这一切皆起始于一封自我推荐信，即他主动跨出的第一步。

假如我们头脑里已经有一个好的想法，就该去做。也许本来有其他人可以做得更好，但在我们率先行动之前，他们或许连尝试的念头都未曾有过。

由于要付诸行动，我们的准备也会更加周全，能力也获得增强，最后我们会变成最称职的人。

想知道眼前的汤好不好喝，最好先喝喝看。伸出手拿起汤匙，舀起一口汤喝喝看，就这么简单。可是有些人放着这么简单的动作不做，却去检查汤中的材料和成分，弄清楚是谁用什么方法煮的，所以这碗汤会有什么味道、怎么个好喝法。就算这样可以推测出某种程度的味道吧，可是这毕竟只是"脑中的味道"，并不是真正品尝到的味道。

"脑中的味道"，也就是说，这用大脑去想象的味道。因此，那不是真实的味道。

不只是食物，这个"脑中的味道"论调可以套用在各方面。

比方说，你去服饰店。看到一件衣服，你觉得"啊，这件不错"，这时，与其去思考它的线条如何、领口的造型如何、下摆的剪裁又是如何，不如实际试穿，看看适不适合自己的体型与气质，顺便确认一下它的颜色在阳光下有何不同。我相信这样应该会更快也更能确定。

人在采取行动前，如果自己不先做某种程度的了解，或许都会有点不安吧。不过，这毕竟只是"脑中的味道"，也就是只用大脑去了解，并非真正的了解。

人生其实可以更简单。当你采取行动前，不要先问上一百个问题，要用行动来回答与解决问题。

有一个野心勃勃却没有作品的作家说:"我的烦恼是日子过得很快,一直写不出像样的东西。""你看,"他说,"写作是一项很有创造性的工作,要有灵感才行,这样才会提起精神去写,才会有写作的兴趣和热忱。"

说实在的,写作确实需要创造力,但是另一位作家为什么能写出畅销书呢?

"我用'精神力量',"他说,"我有许多东西必须按时交稿,无论如何也不能等到有了灵感才去写。一定要想办法推动自己的精神力量。我的秘诀是:先定下心来坐好,拿一支铅笔乱画,想到什么就写什么,尽量放松。我的手先开始活动,用不了多久,我还没注意到时便已经文思泉涌了。"

"当然有时候不用乱画也会突然心血来潮,"他继续说,"但这些只能算是红利而已,因为大部分的好构想都是在进入正规工作情况以后得来的。"

"明天""下个礼拜""以后""将来某个时候"或"有一天"等等,往往不是"永远做不到"。有很多好计划没有实现,原因在于应该说"我现在就去做,马上开始"的时候,却说"我将来有一天会开始去做"。

在美国,每年不知有多少高中生,不眠不休地写研究论文,参加菲利普科学奖的评选。原因是菲利普科学奖不但代表着很高的荣誉和颁发巨额的奖金,而且获奖证书还有个妙用——可以当作申请著名大学的敲门砖。

参加比赛的学生当中,最成功的要算是来自纽约市的高中生们了。据统计,从1942年创办菲利普科学奖到现在,纽约市的学生囊括了1/4的大奖。

更令人惊讶的是这1/4中,又以史蒂文森高中的学生占多数,该校几乎年年都有学生挤进准决赛。

但是,1989年12月18日,史蒂文森高中传出一片哭声,许多学生苍白着脸说:"我们的眼泪、血汗全白费了。"

他们哭,不是因为比赛败北,而是由于他们的研究成果,根本没能进入菲利普科学奖评选委员会的大门。

12月14日，160份报告，先由史蒂文森分成两箱寄出，其中一箱在菲利普奖截止日期——15日前准时寄到，而另一箱里的90份报告，却拖到18日才寄达。

"我们有收据为凭，它确实是14日寄出的'隔日快递'。"史蒂文森的老师解释。

"我们写得明明白白，我们必须在15日收到。"菲利普科学奖的主办人说，"我们不管你什么时候寄出，只管是否准时收到。"

我们不妨想一想，不管是学生拖还是老师拖，但是，为什么非要拖到收件截止的前一天才寄出呢？

相信学生、老师都可能拖了。不仅小孩爱拖，大人也爱拖。

在纽约曼哈顿有个夜间邮局。每年到递交大学申请书和报所得税的最后一夜，那个邮局前都会出现壮观的场面。一条长龙从邮局延伸到街头又转来转去，直转过半条街。一辆接一辆车子冲过来，跳下心急如焚的人。大家都想赶在那最后一秒，夜里12点钟声敲响之前，把手里的表格寄出。

与其说他们是"赶"在最后一秒，不如说是"拖"到最后一秒。相信，也有许多人，像史蒂文森学校的学生那样没有赶上那最后一秒，而拖掉了自己的希望。

有人批评，认为菲利普科学奖应该有点儿人情味、有点儿弹性，不要让孩子们的心血白费。但是，比赛就像人生的战场。它比实力，也比速度。速度何尝不算是一种实力。你没别人快，你比别人拖，就是显示了你比别人差。优胜劣汰，这是天经地义的事，而且未尝不是好事。如果那些输了的学生能吸取教训，今后做事再也不拖，那么他们在这次错失的机会中学到的，应该比失去的更值得。

如果有个电话应该打，可是自己总是再拖。如果这时那句"现在就去做"从自己的潜意识里闪出："快打呀！"这时就应该立刻去打电话。

或者，把闹钟定在早上六点，可是当闹钟响起时，自己却觉得睡意正浓，于是干脆把闹铃关掉，倒头再睡。如果这种情况继续下去，就会养成习惯。假使脑海中始终提醒自己"现在就去做"，这时就不得不立刻爬起来。

魏尔士先生就因为养成了"现在就去做"的习惯而成为一个多产作家。他绝不让灵感白白溜走，想到一个新意念时，他立刻记下。这种事有时候会在半夜里发生，这时魏尔士会立刻开灯，拿起放在床边的纸笔飞快地记下来，然后继续睡觉。

许多人都有拖延的习惯。因为拖拖拉拉耽误了火车，上班迟到，甚至错过可以改变自己一生的良机。

要记住："现在"就是行动的时候。

5. 成就险中求

俗话说，富贵险中求。其实何止是富贵，世间一切谈得上"成就"二字的事情，莫不是"险中求"。

什么是险？险是由于形势不明朗，造成失败的因素。冒险就有失败的可能，但如果聪明应对，也有可能赢取成功。

前进？可能跌得粉身碎骨，也可能攀上高峰。停步？也许得保安全，但也会错过大好良机，令你懊悔不已。

福克斯在30岁时，已是国际商用机器公司的分公司经理。他的业务成绩好，公司又是全国有名的好公司，因而他的事业本应是具有很大的安定性。然而福克斯却不这么想。他说工作好比是流水中静止的地方，它需要一个更充实人的地方。

在我们身边，许多百万富翁，并不一定比别人"会"做。更重要的是他比别人"敢"做。

哈默就是这样一个人。1956年，58岁的哈默购买了西方石油公司，开始大做石油生意。石油是最能赚大钱的行业，也正因为最能赚钱，所以竞争尤为激烈。初涉石油领域的哈默要建立起自己的石油王国，无疑面临着极大的竞争风险。首先碰到的是油源问题。1960年，石油产量占美国总产量38%的得克萨斯州，已被几家大石油公司垄断，哈默无法插手；沙特阿拉伯是美国埃克森石油公司的天下，哈默难以染指……

如何解决油源问题呢？1960年，当花费了1000万美元勘探基金而毫无结果时，哈默再一次冒险地接受一位青年地质学家的建议：旧金山以东一片被行士古石油公司放弃的地区，可能蕴藏着丰富的天然气，西方石油公司最好把它租下来。哈默又千方百计地从各方面筹集了一大笔钱，投入了这一冒险的投资。当钻到262米深时，终于钻出了加利福尼亚州的第二大天然气田，估计价值在2亿美元以上。

哈默成为百万富翁的事实告诉我们："风险和利润的大小是成正比的，巨大的风险能带来巨大的效益；幸运喜欢光临勇敢的人，冒险是表现在人身上的一种勇气和魄力。"

冒险与收获常常是结伴而行的。险中有夷，危中有利。要想有卓越的结果，就要敢冒风险。我们虽然有成大事的欲望，但却不敢冒险，那怎么能实现伟大的目标？

世上没有万无一失的成功之路，动态的命运总带有很大的随机性，各要素往往变幻莫测，难以捉摸。在不确定性的环境里，人的冒险精神是最稀有的资源。

冒险需要一定的勇气和激情。大部分人停留在所谓"安全圈"内，无意于进行任何形式的冒险，即使这种生活过得庸庸碌碌、死水一潭也不在乎。有这样一位女高音歌剧演员，天生一副好嗓子，演技也非同一般，然而演来演去却尽演些最末等的角色。"我不想负主要演员之责，"她说，"让整个晚会的成败压在我的身上，观众们屏声息气地倾听我吐出的每一个音符。"其实这并非因为胆小，她只是不愿意认真地想一想：如果真的失败了，可能出现什么情况，应采取什么样的补救办法。卓有成效的人则不然，由于对应变策略——失败后究竟用什么方式挽救局势早已成竹在胸，他们敢于冒各种风险。一位公司总经理说："每当我采取某个重大行动的时候，就会先给自己构思一份'惨败报告'，设想这样做可能带来的最坏结果，然后问问自己：'到那种地步，我还能生存吗？'大多数情况下，回答是肯定的，否则我就放弃这次冒险。"心理学家认为，做最坏的打算，有助于我们做出理智的抉择。如果因为害怕失败而坐守终日，甚至不愿抓住眼前的机会，那就根本无选择可言，更谈不上什么绩效和成功。因此，当环境稍加变化的时候，他们就会显得手足无措。

那么，怎样才能培养敢于冒险的勇敢素质呢？

（1）积极尝试新事物

在生活中，由于无聊、重复、单调而产生的寂寞会逐渐腐蚀人的心灵。相反，消除那些单调的常规因素倒会使人避免精神崩溃。积极尝试新事物，能使一蹶不振、灰心失望的人重新恢复生活的勇气，重新把握住生活的主动权。

（2）尝试做一些自己不喜欢做的事

屈从于他人意愿和一些刻板的清规戒律，已成为缺乏自信者的习惯，以至于他们误以为自己生来就喜欢某些东西，而不喜欢另一些东西。应该认识到，之所以每天都在重复自己，是由于懦弱和没有主见才养成的恶习。如果我们尝试做一些自己原来不喜欢做的事，就会品尝到一种全新的乐趣，从老习惯中慢慢摆脱出来。

（3）对风险要有警惕

对风险要有警惕，指的是我们在战略上要藐视它，而在战术上要重视它。美国佛罗里达州的约翰·莫特勒是一个为了实现自己的梦想而甘冒风险的人。他在一个条件优越而又忙碌的会计岗位上工作了十余年。但是他却准备辞去这份无忧无虑的工作而去圆自己当老板的梦想。

他的妻子、他的所有朋友，甚至他的老板和同事都认为他这样做简直就是疯了。但是经过仔细认真地计划后，他对自己要面对的风险充满信心。最后，他毅然地辞去了会计工作，开始构建自己的事业——专门生产销售风味小吃。

莫特勒对风险有足够的准备，因为他事先做了细致的考察。在他开始自己事业的冒险以前，他就已经把所有的空余时间都用在了厨房里，研究食谱、品尝、调制各种不同口味的小吃。他有周全翔实的计划、坚韧不拔的毅力和耐心，他的努力终于获得了回报。

从采取行动到实现自己的梦想仅仅3年，约翰·莫特勒成为了百万富翁。他的销售风味小吃一事成为"THE NUTTY BAVARLAN"，现在成了整个美国家喻户晓的美谈。当然，再也没有人说他的行为是"疯了"。

当我们面对风险时，应该像莫特勒表现出来的那样充满自信。恰当的计划能够让我们对大多数的风险挑战有所准备。有的时候，一些重大风险的出现是没有任何预兆的。而另一些时候，我们又可能有充裕的时间去考虑值得不值得为某件事情去冒风险。

但无论风险是不期而遇的还是有所预示的，在我们准备为一些重大事宜做出决定以前，都必须假定风险一定会发生，不能对风险发生的时间抱侥幸心理。风险无论发生得早晚，要达到自己的目标，就不得不始终对它保持警惕，而自己始终要保持坚定的信念。

专业来自于对事物的专注

2005年8月5日，百度在美国纳斯达克上市，股价一路狂飙，成就了百度以及其创始人李彦宏的威名。百度凭什么撩动了美国投资者的"春心"，令他们趋之若鹜的呢？

有位网络评论师这样说："在中国，竟然有一家公司与声名显赫的Google作战，这完全可以刺激美国投资者的神经，这就是明星效应，一个即使默默无闻的人，如果他与明星有绯闻，自然会成为焦点。"

认为百度是因和Google有"绯闻"而吸引了美国人投资，显然是一个美国式的幽默。纳斯达克不是好莱坞，追捧明星企业的股民比追星族要势利与理智得多。百度靠的是实力来征服挑剔谨慎的股民。百度是中国互联网搜索行业的龙头老大，也是全球最大的中文搜索引擎，其前途不可限量！

在互联网上的淘金大军当中，李彦宏一开始只是一个默默无闻的角色。他之所以脱颖而出，没有像绝大多数人一样从淘金到"逃荒"，一个至关重要的原因就是——专注。"百度是一个更专业，更专注的公司，我们就做一件事情——中国的搜索引擎，而且我们做得非常极端，这在中国是很大的一个市场，你看世界上其他公司，没有任何一家像百度做得这么专注。"李彦宏的话的确值得我们深思。专注，正是无与伦比的专业与专注，才成就了百度今天的耀眼光环。

这是一个比拼深度的时代。唯有专业，才有深度；而专业来自于对事物的专注。

1. 让你的精力保持专注

你知道以前的石匠是怎么敲开一块大石头的吗？而他所拥有的工具只不过是一个小铁锤和一支小凿子。当他举起锤子重重地敲下第一击时，没有敲下一块碎片，甚至连一丝凿痕都没有，可是他并不以为然，继续举起锤子一下再一下地敲，100下、200下、300下，大石头上依然没出现任何裂痕。

可是石匠还是没懈怠，继续举起锤子重重地敲下去，路过的人看他如此卖力而不见成效却还继续硬干，不免窃窃私语，甚至有些人还笑他傻。可是石匠并未理会，他知道虽然所做的还没看到立即的成效，不过那并非表示没有进展。他又挑了大石头的另一个地方敲，一锤又一锤，也不知道是敲到第500下还是第700下，或者是第1000下，终于看到了成效，那不是只敲下一块碎片，而是整块大石头裂成了两半。难道说是他最后那一击，使得这块石头裂开的吗？当然不是，这是他一而再、再而三连续敲击的结果。这个故事给我们很大的启示，持续不断地努力就有如那把小铁锤，它能敲碎一切横亘在人生路途上的巨大石块。

美国钢铁大王安德鲁·卡内基在一次对美国柯里商业学院毕业生的讲话中指出："获得成功的首要条件和最大秘密，是把精力完全集中于所干的事。一旦决心干哪一行，就要决心干出名堂，要出类拔萃，要点点滴滴地改进，要采用最好的机器，要尽力通晓这一行。失败的企业是那些分散了精力的企业。它们向这件事投资，又向那件事投资；在这里投资，又在那里投资；方方面面都有投资。'别把所有的鸡蛋放入一个篮子'只说是大错特错。我告诉你们，要把所有的鸡蛋放入一个篮子，然后照管好这个篮子。注视周围并留点神，能这样做的人往往不会失败。照管好那个篮子很容易，但在我们这个国家，想多提篮子因而打碎鸡蛋的人也多。有三个篮子的人就得把一个篮子顶在头上，这样很容易摔倒。"

每个人的精力是有限的，只有把有限的精力全部集中到一件事情上，才能把这件事情做好。

零售商伍尔沃斯的目标就是要在全球设立一连串的"廉价连锁商店"，他把全部精力都花在这项工作上，最后他终于完成了此项目标，并获得了成功。

雷弗莱专注于生产五分钱一片的口香糖，结果使他赚取了数以百万计的利润。

不专注的人是不会把一件事情做好的。曾有这样一幅漫画：

一个人拿着铁锹已经挖了深浅不同的很多口井，其中有几口井离地下水层已经很近了，但是他没有坚持再深挖下去，而是懊丧地自语"在这里没水"，又到别处去寻找挖井地点。

做事也如挖井找水，只有在认准的地方专心致志、心无旁骛才能挖得最深，品尝到甘甜的井水。

用凸透镜或凹透镜，将太阳光聚于一点，其能量甚至可以深化坚硬的金属。古往今来，凡是有成就的人，都很注意把精力聚集于一点，专心致志，集中突破，这是他们成功的最根本原因。历史上不少人被埋没，除了社会原因之外，没有找到他们为之献身的具体事业目标，东一榔头西一棒子，今日种瓜明日种豆，不能不是一个重要原因。

皮鲁克斯指出："如果你能够将自己的努力始终集中在你的目标和最重要的事情上面，也就没有什么东西能够阻止你冲破人生难关了。"

2. 最怕"想得太多"而"做得太少"

为什么有很多人空有一大堆想法，最后竟然连一个想法也没有实现？这就是犯了"想法太多"的错误。一个人想什么都干，他有几只手呢？善于经营自己强项的人，总习惯于把许多想法变成一个切实可行的计划。

想法过多的人，目标太分散以致无法集中精力。想法太多或者要想实现的目标太多，跟没有想法没有目标其实是一样有害。褐色皮肤、英俊潇洒的泰生从小就是游泳健将，经常参加比赛。"从很小开始，别人就从两方面来看我们，"他说："一方面看我们是谁，一方面看我们有何表现。我总是因为比赛成绩而获得夸奖。"于是，泰生不断追求成功。他的事业从一幢建筑物开始，然后变成两幢，名气愈来愈响亮，业务不断扩充发展。最后，泰生的事业扩张到自己都弄不清楚他究竟涉足了多少生意。

"我兼营制造业、捐客业务、管理事业、旅馆经营、公寓改建等，每一种行业我都想插手。我非常兴奋，不知道什么是自己做不到的，所以想试探自己能力的限度。我常在早上起床看见自己的名字登在报纸上，感觉很舒服。然后再看一遍，感觉更舒服。问题愈大愈多，感觉就愈好。"

有一天，银行打电话通知他的公司已过度膨胀，缓付款也已到期，要求偿还贷款。小神童泰生就这样垮了。刚开始泰生责怪每一个人，把错误归咎于银行、社会经济情势或公司员工身上。最后，他终于明白："我知道自己太随意了，走得太快、太远，不知道自己的能力有一定的限度。面对新机会时我不说：'这类生意我不做。'反而说：'为什么不做？我什么生意都做。'我就是太好大喜功。由于每一件事都想做，结果无法把精神集中在任何一件事情上面。我错把时间上最紧急的事当作最重要的事。"

泰生化解危机的办法是重订目标，选择擅长的行业，然后重新集中精神去做。

泰生最擅长的是房地产开发。经过几年的拮据与苦干，由于他专心经营，事业终于逐渐有了起色。现在他再度成为纽约的百万富翁，也对自己能力的限度了解得更清楚了。

现在泰生认为，如果现在我有这样的想法："经营健身俱乐部的生意好像挺不错？"我会马上阻止自己说："谁要去做这种生意？我有我的赚钱行业，根本不需要做这种生意。让别人去做好了。"

3. 事情贵精不贵多

生孩子并非越多越好，太多了怕是累死爹娘也养不活。同样，做事情也是，贵在求精求好，而不在多。

IMG有一位精力充沛的女业务代表，负责在高尔夫球及网球场上的新人当中，发掘明日之星。美国西岸有位年轻网球选手，特别受她赏识，她决定引揽对方加盟本公司。

从此，纵使每天在纽约的办公室要忙上12个小时，她依然不忘时时打电话到加州，关心这个选手受训的情形。他到欧洲比赛时，她也会趁着出差之便，抽空去探望探望，为他打理一切。有好几次，她居然连续一周都未合眼，忙着飞来飞去，追踪这个选手的进步状况，偏偏手边还有一大堆积压已久的报告。

一次，那位年轻选手参加法国公开赛。照原订日程，这位女业务代表不需出席这项比赛，但是她说服主管，为了维持与那位年轻选手的关系，她应该到场。主管勉强应允，但条件是，她得在出发前把一些紧急公务处理完毕。结果她又是几个晚上没合眼。

抵达巴黎当天，在一个为选手、新闻界与特别来宾举行的晚宴上，她依旧盯着那位美国选手，并且像个称职的女主人，时时为他引见一些要人。当时是瑞典网球名将柏格独领风骚的年代，他刚好是他们的客户，又是那名年轻选手的偶像，自然地就介绍给他俩认识，柏格正在房间一角与一些欧洲体育记者闲聊，她与年轻选手迎上前去。对方望向这边时，她说："柏格，容我介绍这位……"天哪！她居然忘记了自己最得意的这位球员的姓名！

后来，那位年轻选手成了世界名将，但他与IMG再也没有关系。

这位女业务代表的确令人钦佩，如果运气好，碰上一个懂事的小伙子，她的失误也不是什么大的失误，因为在那种情况下，只要小伙子自我介绍一下就没事了，不计较，同样也没有什么事。但她这样不顾一切地拼命工作，往往关键时候难免出错，则会造成这样那样的悲剧。

歌德曾这样劝告他的学生："一个人不能骑两匹马，骑上这匹，就要丢掉那匹，聪明人会把凡是分散精力的要求置之度外，只专心致志地去学一门，学一门就要把它学好。"

有一次，一个青年苦恼地对昆虫学家法布尔说："我不知疲劳地把自己的全部精力都花在我爱好的事业上，结果却收效甚微。"法布尔赞许说："看来你是一位献身科学的有志青年。"这位青年说："是啊！我爱科学，可我也爱文学，对音乐和美术我也感兴趣。我把时间全都用上了。"法布尔从口袋里掏出一块放大镜说："把你的精力集中到一个焦点上试试，就像这块凸透镜一样！"

许多有成就的人物都是"聚焦"成功的。就拿法布尔来说，他为了观察昆虫的习性，常达到废寝忘食的地步。有一天，他大清早就俯在一块石头旁。几个村妇早晨去摘葡萄时看见法布尔，到黄昏收工时，她们仍然看到他伏在那儿，她们实在不明白："他花一天工夫，怎么就只看着一块石头，简直中了邪！"其实，为了观察昆虫的习性，法布尔不知花去了多少个日日夜夜。

4. 选定目标，就要专心致志

"剪掉"不适合自己干的事情，留下一个适合自己发展的空间。

对大部分人来说，如果一入社会就善用自己的精力，不让它消耗在一些毫无意义的事情上，那么就有成功的希望。但是，很多人却喜欢东学一点儿、西学一下，尽管忙碌了一生却往往没有培养自己的专长，结果，到头来什么事情也没做成，更谈不上有什么强项。

明智的人懂得把全部的精力集中在一件事上，唯有如此方能实现目标；明智的人也善于依靠不屈不挠的意志、百折不回的决心以及持之以恒的忍耐力，努力在激烈的生存竞争中去获得胜利。

当玫瑰含苞欲放时，须剪掉它周围的花骨朵——这句话是大名鼎鼎的石油大王洛克菲勒的名言。道理很简单，一枝方能独秀，富有经验的园丁们都深谙此道，他们知道，为了使树木能更快地茁壮成长，为了让以后的果实结得更饱满，就必须要忍痛将这些旁枝剪去。否则，若保留这些枝条，那么肯定会极大影响将来的总收成。

那些有经验的花匠也习惯把许多快要绽开的花蕾剪去，尽管这些花蕾同样可以开出美丽的花朵，但花匠们知道，剪去大部分花蕾后，可以使所有的养分都集中在其余的少数花蕾上。等到这少数花蕾绽开时，就可以成为那种罕见、珍贵、硕大无比的奇葩。

做人就像培植花木一样，我们与其把所有的精力消耗在许多毫无意义的事情上，还不如看准一项适合自己的重要事业，集中所有精力，埋头苦干，全力以赴，这样才能取得杰出的成绩。

如果我们想成为一个众人叹服的领袖，成为一个才识过人、卓越优秀的人物，就一定要排除大脑中许多杂乱无绪的念头。如果我们想在一个重要的方面取得伟大的成就，那么就要大胆地举起剪刀，把所有微不足道的、平凡无奇的、毫无把握的愿望完全"剪去"，即便是那些看似已有实现可能的愿望，也要服从于自己的主要发展方向，必须忍痛"剪掉"。

世界上无数的失败者之所以没有成功，主要不是因为他们才干不够，而是因为他们不能集中精力、不能全力以赴地去做适当的工作，他们使自己的大好精力消耗在无数琐事之中，而他们自己竟然还从未觉悟到这一问题：如果他们把心中的那些杂念——剪掉，使生命力中的所有养料都集中到一个方面，那么他们将来一定会惊讶——自己的事业竟然能够结出那么美丽丰硕的果实！拥有一种专门的技能要比有十种心思来得有价值，有专门技能的人随时随地都在这方面下苦功求进步，时时刻刻都在设法弥补自己此方面的缺陷和弱点，总是要想到把事情做得尽善尽美。而有十种心思的人不一样，他可能会忙不过来，要顾及这一点又要顾及那一个，由于精力和心思分散，事事只能做到"尚可"，结果当然是不可能取得突出成绩。

现代社会的竞争日趋激烈，所以，我们必须专心一致，对自己的目标全力以赴，这样才能做到得心应手，取得出色的业绩。

5. 控制自己内心的欲望

　　亚当和夏娃因为一枚果子的诱惑，触犯了天条。圣人尚且如此，凡人所面对诱惑而不能自持的例子就更多了。树欲静而风不止，有人渴望成功，可总埋怨成功路上诱惑太多，自己陷入诱惑的深渊实为身不由己，特别是在当今社会，诱惑更是花样迭出，时常使人处于一种心旌动摇的态势。人们往往是摆脱了一种诱惑，却在不经意间又陷入了一种新的欲望的诱惑之中。其实内心的欲望和外界的诱惑，就如同磁铁的正负极一样，彼此寻找着对方的所在。禁不住诱惑实际上就是不能控制自己内心的欲望。

　　《伊索寓言》中有一句话很值得深思："有些人因为贪婪，想得到更多的东西，却把现在所拥有的也失掉了。"盲目地不正当地追求过高的欲望，有时会使人生最基本的愿望破灭。这是多么可悲、可叹！

　　对诱惑说不，需要有超强的自制力。自制力指善于掌握和支配自己行动的能力，它表现在意志行动的全过程中。在采取决定时，自制力表现在能够按照周密的思考，做出合理的决策，不为环境中各种诱惑所左右；在执行决定时，能够克服各种内外干扰，把决定贯彻执行到底。自制力还表现在对自己的情绪状态的调节，在必要时能抑制激情、暴怒、愤慨、失望等。
　　自制力的构成是一个矛盾体，矛盾的一方是感情，另一方是理智。如果任凭感情支配自己的行动，那便使自己成为感情的奴隶，是缺乏自制力的表现。人应该有让理智战胜感情，有控制自己命运的能力。在理智与情感的交锋中，自制力能够帮助您的理智取得胜利。理智的胜利，是人性的胜利，这种胜利对自己，对他人，对社会都是有益的。

要做就做最好

"没有人问我过得好不好，现实与目标哪个更重要？一分一秒一路奔跑，烦恼一点儿也没有少。

"总有人像我辛苦走这遭，孤独与喝彩其实都需要。成败得失谁能预料，热血注定要燃烧。

"世间自有公道，付出总有回报。说到不如做到，要做就做最好！"

——上同是著名作词家陈树写的一首歌词，让人感觉文字内有一股积极向上的力量。"要做就做最好"是对人生的一种负责态度，一种庄严承诺。

1. 提高效率从简化开始

做事须讲究效率，而效率往往就是从简化开始的。把事情化繁为简的一个关键是抓住事物的主要矛盾。永远要记住杂乱无章是一种必须祛除的坏习惯。

罗马的哲学家西加尼曾经说过"没有人能背着行李游到岸上"。在乘火车和乘飞机时，超重的行李会让你多花很多钱。在生活的旅途上，过多的行李让你付出的代价其至还不仅仅是金钱。它使你不会像没有负担那样迅速地实现你的目标，更糟的是，你可能永远都不会实现你的目标。这不仅会剥夺你的满足感和快乐，而且最终它还会让你发疯。

有这样两种类型的人：一种是善于把复杂的事物简单化，办事又快又好；另一种是把简单的事物复杂化，使事情越办越槽。当我们让事情保持简单的时候，生活显然会轻松很多。不幸的是，倘若人们需要在简单的做事方法和复杂的做事方法之间进行选择，我们中的大部分人都会选择那个复杂的方法。如果没有什么复杂的方法可以利用的话，那么有些人甚至会花时间去发明出来。这也许看起来很荒谬，但真有不少这样的事。很多勤奋人就在做这样的事。

其实，我们没有必要把自己的工作变得更复杂。爱因斯坦说："每件事情都应该尽可能地简单，如果不能更简单的话。"

把事情化繁为简的一个关键是抓住事物的主要矛盾。必须善于在纷纭复杂的事物中，抓住主要环节不放，"快刀斩乱麻"，使复杂的状况变得有脉络可寻，从而使问题易于得到解决。

同时它还意味着要善于排除工作中的主要障碍。主要障碍就像瓶颈堵塞一样，必须打通，否则工作就会"卡壳"，耗费许多不必要的时间和精力。

有些人将"杂乱"作为一种行事方式，他们以为这是一种随意的个人风格。他们的办公桌上经常放着一大堆乱七八糟的文件。他们好像以为东西多了，那些最重要的事情总会自动"浮现"出来。对某些人来说他们的这个习惯已根深蒂固，如果我们非要这类人把办公桌整理得井然有序，他们很可能会觉得像穿上了一件"紧身衣"那样难受。不过，通常这些人能在东西放得这么杂乱的办公桌上把事情做好，很大程度上是得益于一个有条理的秘书或助手，弥补了他们这个杂乱无章的缺点。

但是，在多数情况下，杂乱无章只会给工作带来混乱和低效率。它会阻碍你把精神集中在某一单项工作上，因为当你正在做某项工作的时候，你的视线不由自主地会被其他事物吸引过去。另外，办公桌上东西杂乱也会在你的潜意识里制造出一种紧张和挫折感，你会觉得一切都缺乏组织，会感到被压得透不过气来。

如果你发觉你的办公桌上经常一片杂乱，你就要花时间整理一下。把所有文件堆成一堆，然后逐一检视（大大地利用你的纸篓），并且按照以下四个方面的程度将它们分类：即刻办理、次优先、待办、阅读材料。

把最优先的事项从原来的乱堆中找出来，并放在办公桌的中央，然后把其他文件放到你视线以外的地方——旁边的桌子上或抽屉里。把最优先的待办件留在桌子上的目的是提醒你不要忽视它们。但是你要记住，你一次只能想一件事情，做一件工作。因此你要选出最重要的事情，并把所有的精力集中在这件事上，直到把它做好为止。

每天下班离开办公室之前，把办公桌完全清理好，或至少整理一下。而且每天按一定的标准进行整理，这样会使第二天有一个好的开始。

不要把一些小东西——全家福照片、纪念品、钟表、温度计以及其他东西过多地放在办公桌上。它们既占据你的空间也分散你的注意力。

每个坐在办公桌前的人都需要有某种办法来及时提醒自己一天中要办的事项。这时日历也许很有帮助，但是最好的办法可能是实行一种待办事项档案卡片（袋）制度，一个月的每一天都有一个卡片（袋），再用些袋子记载以后月份待办事项（卡片）。要处理大量文件的办公室当然就需要设计出一种更严格的制度。

此外，最好对时间进行统筹，比如到办公室后，有一系列事务和工作需要做，可以给这些事务和工作安排好时间：收拾整理办公桌3分钟，整理一天工作计划的安排5分钟，关于某一报告的起草15分钟，等等。

总之，那些容易把事情复杂化的人应该学会的一种能力是：清楚地洞察一件事情的要点在哪里，哪些是不必要的繁文缛节，然后用快刀斩乱麻的方式把它们简单化。

2. 循序渐进，一步一个脚印

古人云："唯有埋头，才能出头。"种子如不经过在坚硬的泥土中挣扎奋斗的过程，它将只是一粒干瘪的种子，而永远不能发芽成长成一株大树。

许多有抱负的人大多忽略了积少成多的道理，一心只想一鸣惊人，而不去做埋头耕耘的工作。等到忽然有一天，他看见比自己开始晚的，比自己天资差的，都已经有了可观的收获，他才惊觉到在自己这片园地上还是一无所有。这时他才明白，不是上天没有给他理想或志愿，而是他一心只等待丰收，可是忘了辛勤耕耘。

饭要一口一口吃，事要一件一件做。

"九层之台，起于垒土。"一砖一木垒起来的楼房才有基础，一步一个脚印才能走出一条成形的道路。

在1984年5月10日香港报业工会举办的"1983年最佳记者"比赛中，香港《快报》记者曹慧燕夺得了三项"最佳记者"的金牌。曹慧燕为什么能在这个对她来说还很陌生的环境中取得成就呢？除了刻苦顽强的努力外，主要是她善于从小块文章写起。她在香港白天上工，晚上自修英语，并利用业余时间写些杂感式的小文章，试着向报纸投稿。第一篇小文章在香港《明报》"大家谈"专栏上刊出后，她受到很大鼓舞。于是，更专注于这种"小成果"的努力。后来她进入《中报》，搞香港报馆中地位最低、工资也很少的校对工作。在校对的同时，《中报》为她和她的一位同事开辟了一个名为《大城小景》的专栏，让他们每天撰写一篇短文。正是每天800字的专栏稿，磨炼了她的笔锋，活跃了她的思想，为她以后的成功奠定了坚实的基础。

如果将一个人的追求目标比作一座高楼大厦的顶楼，那么一级一级的阶段性的目标就是层层阶梯。这个比喻看来太浅显了，但不少人却忽视了这一循序渐进的"阶梯原则"。高尔基在同青年作家的谈话中说："开头就写大部头的长篇小说，是一个非常笨拙的办法。学习写作应该从短篇小说入手，西欧和我国所有最杰出的作家几乎都是这样做的。因为短篇小说用字精练，材料容易安排、情节清楚、主题明确。我曾劝一位有才能的文学家暂时不要写长篇，先学写短篇再说，他却回答说：'不，短篇小说这个形式太困难。'这等于说：制造大炮比制造手枪更简便些。"

高尔基讲的就是循序渐进、一步一个脚印的道理。建造一幢大楼，要从一砖一瓦开始；绳锯木断、水滴石穿就在于点点滴滴的积累。阶段性目标虽然慢，却始终向上攀登，而每个小目标的胜利总给人鼓舞，使人获得锻炼、增长才干。

台湾省作家郭泰所著《智囊100》中讲了一个有趣的故事：有个小孩在草地上发现了一个蛹。他捡回家，要看蛹如何羽化成蝴蝶。过了几天，蛹上出现了一道小裂缝，里面的蝴蝶挣扎了好几个小时，身体似乎被什么东西卡住了——一直出不来。小孩子不忍，心想："我必须助它一臂之力。"所以，他拿起剪刀把蛹剪开，帮助蝴蝶脱蛹而出。但是蝴蝶的身躯臃肿，翅膀干瘪，根本飞不起来。这只蝴蝶注定要拖着笨拙的身子与不能丰满的翅膀爬行一生，永远无法飞翔了。

这个故事说明了一个道理，每一个事物的成长都有个瓜熟蒂落、水到渠成的过程。这一过程也就是一步一个脚印的过程。相反，欲速则不达。

远在半个世纪以前，美国洛杉矶郊区有个没有见过世面的孩子，他才15岁，却拟了个题为《一生的志愿》的表格，表上列着："到尼罗河、亚马逊河和刚果河探险，登上珠穆朗玛峰、乞力马扎罗山和麦特荷恩山，驾驭大象、骆驼、鸵鸟和野马，探访马可·波罗和亚历山大一世走过的路，主演一部'人猿泰山'那样的电影，驾驶飞行器起飞降落，读完莎士比亚、柏拉图和亚里士多德的著作，谱一部乐曲，写一本书，游览全世界的每一个国家，结婚生孩子，参观月球……"他把每一项都编了号，一共有127个目标。

当他把梦想庄严地写在纸上之后，他就开始循序渐进地实行。16岁那年，他和父亲到佐治亚州的奥克费诺基大沼泽和佛罗里达州的埃弗洛莱兹探险。从这时起，他按计划逐个逐个地实现了自己的目标，49岁时，他已经完成了127个目标中的106个。这个美国人叫约翰·戈达德。他获得了一个探险家所能享有的荣誉。前些年，他仍在不辞艰苦地努力实现包括游览长城（第

49号）及参观月球（第125号）等目标。

3. 努力是成功的前提

"努力"是每个人都不能回避的，因为成功的确需要努力。

全世界最伟大的篮球运动员迈克尔·乔丹在率领公牛队获得两次三连冠后，毅然决定退出篮坛，因为他已经得到世界上篮球运动史中最多的个人光荣纪录与团队纪录，成为20世纪最伟大的体坛运动员。

在退休后，他说："我成功了！因为我比任何人都努力。"

乔丹不只比任何人都努力，在他已经是最顶尖的时候，他还逼自己更努力，不断要突破自己的极限与纪录。

在公牛队练球的时候，他的练习时间比任何人都长，据说他除了睡觉时间之外，一天只休息两个小时，剩下时间全部练球。

有的篮球运动员经常在罚球的时候投不进球，于是，对手就不断运用策略在他身上犯规。如果他每天也像乔丹一样只休息两个小时，其余时间全部站在罚球线练球增加自己的准确度，这样持续一年下来，他罚球的能力定会提高。

在美国，有一个卖汽车的业务员总是在他们公司销售成绩上排名第一，有人问他："你为什么总是第一名？"他回答说："因为我每个月都设法比第二名多卖一台车子。"这么简单的一个方法，这样简单的一句回答告诉了我们一个简单的成功道理——永远比第一名还要更努力。

当然，我不是希望我们所有人都成为工作狂，但是努力是我们成功的前提。

有了努力，就会有精彩的表现。

请你努力做一切能帮助自己成功的事！努力找寻成功的方法，努力学习，努力采取行动！要努力做到比你的竞争对手努力，比任何人都努力，比第一名还努力。

4. 卓越就是无止境的进步

25岁的时候，雷因由于失业而挨饿，他白天在马路上乱走，目的只有一个，躲避房东讨债。

一天，他在42号街碰到著名歌唱家夏里宾先生。雷因在失业前，曾经采访过他。但是他没想到的是，夏里宾竟然一眼就认出了他。

"很忙吗？"他问雷因。

雷因含糊地回答了他，他想夏里宾大概看出了他的际遇。

"我住的旅馆在第103号街，跟我一同走过去好不好？"

"走过去？但是，夏里宾先生，60个路口，可不近呢！"

"胡说，"他笑着说，"只有5个街口。"

"……"雷因不解。

"是的，我说的是第6号街的一家射击游艺场。"

这话有些所答非所问，但雷因还是顺从地跟他走了。

"现在，"到达射击场时，夏里宾先生说，"只有11个街口了。"

不多一会儿，他们到了卡纳奇剧院。

"现在，只有5个街口就到动物园了。"

又走了12个街口，他们在夏里宾先生的旅馆停了下来。奇怪得很，雷因并不觉得怎么疲惫。

夏里宾给他解释为什么不疲惫的理由：

"今天的走路，你可以常常记在心里。这是生活艺术的一个教训。你与你的目标无论有多么遥远的距离，都不要担心，把你的精神集中在5个街口内的距离，别让那遥远的未来令你烦闷。"

积沙成塔，集腋成裘。点点星光若连成一片，照样是一个灿烂的星空！

洛杉矶湖人队的前教练派特·雷利在湖人队最低潮时，告诉12名球队的队员说："今年我们只要求每人比去年进步1%就好，有没有问题？"球员一听："才1%，太容易了！"于是，在罚球、抢篮板、助攻、抄截、防守一共五方面每个人都各进步了1%，结果那一年湖人队居然得了冠军，而且是最容易的一年。

让自己每天靠近梦想一点点，只要你每天靠近梦想一点点，你就不必担心自己不快速成长。

在每晚临睡前，不妨自我反思一下：今天我学到了什么？我有什么做错的事？有什么做对的事？假如明天要得到理想中的结果，有哪些错绝对不能再犯？

反思完这些问题，你就会比昨天进步。无止境的进步，就是你人生不断卓越的基础。

你在人生中的各方面也应该照这个方法做，持续不断地每天进步，长期下来，你一定会有一个高品质的人生。

不用一次大幅度地进步，一点点就够了。不要小看这一点点，每天小小的改变积累下来会有大大的不同。而很多人在一生当中，连这一点进步都不一定做得到。人生的差别就在这一点点之间，如果你每天比别人差一点点，几年下来，就会差一大截。

5. 用反省来完善自己

所谓"反省"就是反过来省察自己，检讨自己的言行，看有没有要改进的地方。

为什么要反省？

因为每个人都不完美，总有个性上的缺陷或智慧上的不足。年轻人缺乏社会阅历，常会说错话、做错事、得罪人。你所做的一切，有时候别人会提醒你，但绝大部分人是看到你做错事、说错话、得罪人时都不会说，因此我们必须用反省的方法去了解自己的所作所为。

孟子云："吾日三省吾身。"这是圣贤的修身功夫，凡人不易做到，但时时提醒自己，检视一下自己的言行却不是太难的事。一个人一旦有了不当的观念或做了对不起人的事，可能瞒过任何人，但绝对骗不了自己。

人之所以会做错事，不单是外界的诱惑太大，更多的是自己的欲念太强，理智屈就于本能冲动。一个常常做自我反省的人，不仅能增强自己的理智感，而且必定知道什么是自己该做的，什么是自己不该做的。

反省的好处在于——可以修正自己的作为和方向，可以使自己进步。很多伟人都有反省的习惯，因为唯有反省，人们才不会迷失，才不会做错事。反省格外重要，要想取得快速成长，就应该把反省当成每天的功课。

反省的方式可以灵活多样，至于反省的方法，有人写日记，有人则静坐冥想，只在脑海里把过去的事拿出来检视一遍。总之，我们要把反省的时间安排在心境平静的时候——湖面平静才能映现自己的倒影，心境平静才能映现自己今天所做的一切。

有一种"每日四问"的记日记方法可以用于自我反省。

（1）今天我改了什么？

（2）今天我有什么值得感谢的？

（3）今天我有哪些可以做得更好？

（4）今天我学会了什么？

把反省当成每日的功课吧，它能修正我们为人处世的方法，让我们有更明确的方向，并将事情做得更好。

6. 不断进取成就人生价值

巴西著名足球明星贝利在足坛上初露锋芒时，记者问他："你的哪一个进球踢得最好？"他回答说："下一个！"而当他在足坛上大红大紫，成为世界著名球王，已踢进1000个球以后，记者又问他同样的问题时，他仍然回答："下一个！"在事业上大凡有所建树的人都同贝利一样有着永不满足、不断进取的精神。马克思曾经说过："任何时候我也不会满足，越是多读书，就越深刻地感到不满足，就越感到自己知识贫乏。科学是奥妙无穷的。"人生的价值在于不断进取，在这方面无数成功者为我们树立了光辉的典范。

伟大的西班牙画家毕加索去世的时候是91岁。在90岁高龄时，他还拿起颜料和画笔开始画一幅新画，一幅崭新风格的画，他对世界上的事物好像还是第一次看到一样。年轻人总是在探索新鲜事物，探索解决问题的新方法，他们热心于试验，欢迎新鲜事物，他们不安于现状，朝气勃勃，从不满足。老年人总是怕变化，他们知道自己什么最拿手，宁愿对过去的成功之道如法炮制，也不愿冒失败的风险。毕加索90岁时，却仍然像年轻人一样生活着，不安于现状，寻找新的思路和用新的表现手法来运用他的艺术材料。

大多数画家在创造了一种适合于自己的绘画风格后，就不再改变了，特别是当他们的作品受到人们的欣赏时，更是这样。随着艺术家的年岁增长，他们的绘画风格虽然也在变，可是变化不会很大了。而毕加索却像一位终生没有找到一种特殊艺术风格的画家，千方百计寻找完美的手法来表达自己不平静的心灵。

毕加索作画，不仅仅用眼睛，而且用心。毕加索的画，有些色彩丰富、柔和、非常美丽，有些用黑色勾画出鲜明的轮廓，显得难看、凶狠、古怪，但是这些画启发我们的想象力，使我们对世界的看法更深刻。面对这些画，我们不禁要问，毕加索究竟看到了什么，使他画出这样的画来？我们开始观察在这些画的背后究竟隐藏着什么。

毕加索一生创作了成千上万种风格不同的画，有时他画事物的本来面貌，有时他似乎把所画的事物瓣成一块一块的。他不仅能把眼睛所看到的东西表现出来，而且把我们的思想所感受到的也表现出来。他一生始终抱着对世界十分好奇的心情，就像年轻时一样。

假如你喜欢欣赏画,不妨找些毕加索的画册,看看从他的画中你能得到什么启示。

19世纪俄罗斯现实主义作家果戈理写作以勤奋著称。他坚持每天练习写作,他说:"一个作家,应该像画家一样,经常随身带着笔和纸。一位画家如果虚度了一天,没有画成一张画稿,那是很不好的。一个作家,如果虚度了一天,没有记下一条思想、一个特点也不好……必须每天写作。如果一天没有写,怎么办呢?没关系,拿起笔来,写上'今天不知为什么我没写',把这句话一遍一遍地写下去,等你写得厌烦了,你就要写作了。"

正是有了这种一天也不肯虚度,不断进取的精神,果戈理才完成了一部部传世之作,成了世界上伟大的文学家。

1673年2月的一天,法国著名喜剧作家莫里哀患着严重的肺病,又受了风寒,身体十分虚弱。但他还是不顾亲人和朋友的劝阻,以顽强的毅力克服身体上的巨大痛苦,毅然参加了自己的新作《无病呻吟》的演出,并出演男主角。莫里哀全神贯注地投入了角色的塑造,由于咳嗽,震破了喉管,他的生命结束在了舞台上。

英国化学家、物理学家道尔顿从十七八岁开始科研生涯,从此终生不离开试验室。他对气象、物理和化学三门学科都做出了很大贡献。在1844年他在试验室去世前的几个小时,还像往常一样记录下了当天的气象数据。

300多年前发明显微镜的荷兰著名生物学家列文虎克,晚年更加拼命地工作,他用自己制造的显微镜,夜以继日地观察动、植物细胞,并详细记述观察结果。他的研究成果公布后,向世人展示了一个崭新的微观世界,在全世界引起了轰动。

许多取得举世闻名杰出成就的人都是生命不息,奋斗不止,为我们树立了光辉的典范。如果他们浅尝辄止,或满足于已经取得的成绩,那么莫里哀即使写出了一两部成功的作品,也不会给世人留下这么深刻的印象;道尔顿即使在某些学科有所建树，也不会在气象、物理和化学三门学科都做出这么大贡献；列文虎克即使发明了显微镜，也发现不了使他永垂青史的生物细胞。

记住：在成功的道路上，奋斗和进取也是没有止境的。

成也心态，败也心态

你可以驾驭生命，或任由生命驾驭你。你的心态会决定谁当"骑士"、谁当"马"。

所谓心态即心理态度的简称，心理学上是这样定义心态的：心理态度主要是指动能心素和复合心素所包括的诸种心理品质的修养和能力。换句话说，心态就是人的意识、观念、动机、情感、气质、兴趣等心理状态的总和。它是人的心理对各种信息刺激做出反应的趋向。人的这种心理反应趋向不论是认识性的、感情性的，还是行为性的、评价性的，都对人的思维、选择、言谈和行为具有导向和支配的作用，所以我们有充分的理由相信人生的成败有许多因素的影响，但是起决定作用的就是心理态度。

心态能使我们成功，也能使我们失败。同一件事由具有两种不同心态的人去做，其结果可能截然不同。心态决定人的命运，不要因为我们的心态而使我们自己成为一个失败者。要知道，成功永远属于那些抱有积极心态并付诸行动的人。

成功需要健康的心态，没有健康的心态即使暂时成功了但早晚会出现漏洞，甚至会塌陷。为什么拿破仑能够顶住压力而叱咤风云？为什么海伦·凯勒在双目失明的情况下心中依然有光明之梦？这都是健康心态所起的作用！

1. 扫清心中的障碍

挡住人们脚步的，往往不是路上的巨石，而是心中的障碍，行动的障碍归根到底还是心理障碍。

心理学上有一个"瓦伦达心态"。

瓦伦达是美国一个著名的高空走钢索表演者，在一次重大的表演中，不幸失足身亡。他的妻子事后说，我知道这一次一定要出事，因为他上场前总是不停地说，这次太重要了，不能失败，绝不能失败；而以前每次成功的表演，他只想着走钢索这件事本身，而不去管这件事可能带来的一切。后来，人们就把专心致志于做事本身而不去管这件事的意义，不患得患失的心态，叫作"瓦伦达心态"。

美国斯坦福大学的一项研究也表明，人大脑里的某一图像会像实际情况那样刺激人的神经系统。比如，当一个高尔夫球手击球前一再告诉自己"不要把球打进水里"时，他的大脑里往往就会出现"球掉进水里"的情景，而结果往往事与愿违，这时候球大多都会掉进水里。这项研究从另一个方面证实了"瓦伦达心态"。

凡事先行动起来的一个主要好处，就在于容易达到"瓦伦达心态"。因为，一旦迅速进入行动状态后，就来不及多想，逼上梁山，背水一战，只有一条路走到黑。这样反而容易成功。

芭芭拉·格罗根指出："无论做任何事情，开始时，最为重要的是不要让那些爱唱反调的人破坏了你的理想。"

只有行动起来并保持"瓦伦达心态",才能挣脱舆论的枷锁,因为"这个世界上爱唱反调的人真是太多了,他们随时随地都可能会列举出千条理由,说你的理想不可能实现。你一定要坚定立场,相信自己的能力,努力实现自己的理想。"

"先投入战斗,然后再见分晓。"法兰西雄狮拿破仑如是说。

但丁的伟大作曲《神曲》,给人印象最深的,就是那一句千古名言。但丁在其导师、古罗马诗人维吉尔的引导下,游历了惨烈的九层地狱后来到炼狱,一个灵魂呼喊但丁,但丁便转过身去观望。

这时导师维吉尔这样告诉他:"为什么你的精神分散?为什么你的脚步放慢?人家的窃窃私语与你何干?走你的路,让人们去说吧!要像一座卓立的塔,决不因暴风雨而倾斜。"

无论是走在地狱、炼狱还是天堂,"走你的路,让人们去说吧"。这就是"瓦伦达心态"。向着目标,心无旁骛地前进。这是每一个成功人士必备的素质。

日本有位叫河村的船舶大王,他在发迹之前曾以收捡别人丢弃的生菜为业。他每天将别人丢掉的菜叶洗干净,加盐做成酱菜卖给贫苦的劳工,当时许多亲戚和朋友都十分看不起他。

"那个家伙是一个乞丐!"

"那个家伙已经没有希望娶太太啦!"

河村并没有被他人的舆论所吓倒,别人越轻视他,他干得越起劲。后来,他不断改进酱菜的味道,成了规模很大的酱菜批发商,最后逐渐成为船舶大王。

行动中的"瓦伦达心态"使人心中眼中只有目标,这样就使人可能采取最与众不同的、最有创意的、最简单直接的方式甚至是直觉的方式达成目标，而不落于俗套。这就是制订自己的行动规则，而不管别人的看法如何。

宋代大政治家、文学家王安石说过一句"三不足"的话，正是这种心态、这种行动作风的写照："天命不足畏，祖宗不足法，人言不足恤。"

2. 相信自己，坚定不移

行动的路上，总会经风雨、历坎坷。困了、渴了、累了、乏了，别忘了嚼一嚼你背囊里的干粮——自信。

对于大多数人而言，他们迟迟不敢行动的原因就是对自己没有信心，总觉得像自己这样的人也能成功？有的人竟然会这样认为："假如我发了财，天下的人都会发财。"因为没有信心总认为自己不行。所以做起事来畏首畏尾，"我不行""我干不了"成了他们的思想准则，其实他们并不比成功者笨，并不是没有才能，只是心中没有给自己一个准确的定位，没有对自己有一个客观的评价，盲目地否定自我，从而对目标丧失了信心，望而却步。

一个人有了信心，才能产生一种不达目标誓不罢休的勇气与毅力。有了信心，就没有做不成的事。卢梭说："自信力对于一个人的事业简直是奇迹，有了它，你的才智可以取之不尽。一个没有自信的人，无论有多么大的才能，也不会有成功的机会。"自信的力量是伟大的，某些看来不可能的事，也会变成可能，许多令人无法相信的伟大事业都是靠着自信完成的。自信可以让你去面对一切的艰难险阻，产生出无尽的勇气和决心。

据说当年只要拿破仑亲率军队作战，同样一支军队的战斗力，便会增强一倍。原来，军队的战斗力在很大程度上基于士兵们对于统帅的敬仰和信心。如果统帅抱着怀疑、犹豫的态度，全军便会混乱。拿破仑的自信与坚强，使他统率的每个士兵增加了战斗力，而他统率的军队的确创造了马伦戈、奥斯特利茨、耶拿等以少胜多的战例。

如果拿破仑在率领军队越过阿尔卑斯山的时候，只是坐在那里说，"这件事太困难了"，无疑的，拿破仑的军队永远不会越过那座高山。

有一次，一个士兵骑马给拿破仑送信，由于马跑得速度太快，在到达目的地之前猛跌了一跤，那马就此一命呜呼。拿破仑接到信后，立刻写封回信交给那个士兵，吩咐士兵骑自己的马，从速把回信送去。

那个士兵看到那匹强壮的骏马，身上装饰得无比华丽，便对拿破仑说："不，将军，我是一个平庸的士兵，实在不配骑这匹华美强壮的骏马。"

拿破仑严肃地回答道："世上没有一样东西是法兰西士兵所不配享有的。"

世界上到处都有像这个法国士兵一样的人！他们以为自己的地位太低微，别人所有的种种幸福是不属于他们的，以为他们是不配享有的，以为他们是不能与那些伟大人物相提并论的。这种自卑自贱的观念，往往成为不求上进、自甘堕落的主要原因。

如果我们去分析研究那些成就伟大事业的卓越人物的人格特质，那么就可以看出这样一个特点：这些卓越人物在开始做事之前，总是具有充分信任自己能力的坚强自信心，深信所从事之事业必能成功。这样，在做事时他们就能付出全部的精力，破除一切艰难险阻，直到胜利。

有许多人这样想：世界上最好的东西，不是他们这辈子所应享有的，他们认为生活中的一切快乐，都是留给一些命运的宠儿来享受的。有了这种卑贱的心理后，当然就不会有奋发有为的精神状态。许多年轻人本来可以成大事、立大业，但却过着平庸的生活，原因就在于他们自暴自弃，没有远大的志向，没有坚定的自信心。

与金钱、势力、出身等无关因素相比，自信才是更有力量的东西，它才真正是人们从事任何事业最可靠的资本。自信能排除各种障碍，克服种种困难，能使事业获得圆满的成功。

有的人最初对自己有一个比较恰当的分析，事业上比较顺利，但是一旦经受了挫折他们却半途而废，这是因为自信心不坚定的缘故。所以，要使自信心变得坚定，即使遇到挫折，也能不屈不挠地向前进取，绝不会因为遇到困难就退缩。

培养与建立高度的自信，可以通过下列三个途径。

（1）对自己的行为负责

种瓜得瓜，种豆得豆。我们所得的报酬取决于我们所做的贡献，谁都会为自己所做出的一切荣获赞誉或蒙受耻辱。具有责任心的人更关注的是那些束缚自己的枷锁，他们更关心在关键时刻张扬自己的独立性格。

乔·索雷蒂诺在市中心的居民区长大，是一伙小流氓的头头，并在少年教养院待过一段时间。但是，他一直记着一位七年级教师对他在学术方面所具备的能力的信任。他觉得自己成功的唯一希望就是抛开可怜的中学历史来完成学业。于是，他在20岁的时候重返夜校，继续在大学就读，并在那里以优异的成绩毕业。接着，他又修全了哈佛大学法律的课程，并在后来，通过自己的不断努力成了美国洛杉矶市少年法庭一位出色的法官。假如乔·索雷蒂诺没有勇气改变自己的命运，那么，这一切都是不会发生的。

（2）去发掘自己的才能

在莎士比亚的著名戏剧《哈姆雷特》中，大臣波洛涅斯告诉他的儿子："至关重要的是，你必须对自己忠实。正像有了白昼才有黑夜一样，对自己忠实，才不会对别人欺诈。"波洛涅斯在劝告儿子要根据自身最坚定的信念和能力去生活——正视不同的世界，但是，必须尊重他人的权利。

　　然而，大多数人总是使自己处在犹豫之中。怎样做才能不虚度一生？怎样才能知道自己选择了合适的职业或恰当的目标呢？

　　柯维的研究结果和经历证实，与其让双亲、老师、朋友或经济学家为我们制订长远规划，还不如让自己来发掘一下我们"擅长"做什么。

　　微软公司总裁比尔·盖茨的最高文凭是中学，因为他没有读完在哈佛大学的学业就去经营他的电脑公司了。他及早地发掘出了自己的长处，并果断地去经营自己的长处，盖茨成为世界首富不足为奇。

　　成功人生的诀窍就是经营自己的长处。在人生的坐标系里，一个人如果站错了位置——用他的短处而不是长处来谋生的话，那是非常可怕的，他可能会在永久的自卑和失意中沉沦。因此，对自己的一技之长保持兴趣也相当重要，尽管它不怎么高雅时尚，但也很可能是你改变命运的一大财富。在选择职业时同样也是这个道理，不要过分考虑这个职业能给你带来多少钱，能不能成名，应该选择最能使人全力以赴的职业，应该选择最能使人的品格和长处得到充分发展的职业。

　　发掘自己的长处能给自己的人生增值，张扬自己的短处便会使自己的人生贬值。富兰克林说："宝贝放错了地方便是废物。"就是这个意思。

　　（3）不要想着逃避现实

　　成功、思考和身体素质的关键是勇敢地面对现实。压力之下，许多人会变得沮丧，失去对生活的向往和追求，而沉溺于酗酒、大量地吸烟或依赖镇静药来进行逃避。酒精和其他抗忧虑药可以暂时减少我们对失败和痛苦的畏惧心理，但也阻碍了我们学会承受这些重压的能力。

　　适应生活压力的最好方法之一就是简单地把它们看作正常的东西加以接受。面对生活中的逆境和失败，如果我们把它们视为正常的反馈，就会使我们增强抗住生活重压的免疫力，帮助我们防御那些有害的反应。

3. 用热忱燃起成功的希望

热忱，是指一种热情的种子深植入人的内心而生长成一棵勃勃生机的参天大树。拿破仑·希尔喜欢称之为"抑制的兴奋"。如果你内心里充满做事的热忱，你就会兴奋。你的兴奋从你的眼睛、你的面孔、你的灵魂以及你整个为人多个方面辐射出来。你的精神振奋。

热忱是一把火，它可燃烧起成功的希望。要想获得这个世界上的最大奖赏，你必须拥有过去最伟大的开拓者将梦想转化为全部有价值的献身热忱，来陪伴自己走过长长的探索之路。

塞缪尔·斯迈尔斯的办公桌上挂了一块牌子，他家的镜子上也吊了同样一块牌子，巧的是麦克阿瑟将军在南太平洋指挥盟军的时候，办公室墙上也挂着一块牌子，上面都写着同样的座右铭：

信仰使你年轻，

疑惑使你年老；

自信使你年轻，

畏惧使你年老；

希望使你年轻，

绝望使你年老；

岁月使你皮肤起皱，

但是失去了热忱，

就损伤了灵魂。

这是对热忱最好的赞词。培养并发挥热忱的特性，我们就可以对我们所做的每件事情，加上了火花和趣味。

　　一个热忱的人，无论是在挖土，或者经营大公司，都会认为自己的工作是一项神圣的天职，并怀着深切的兴趣。对自己的工作热忱的人，不论工作有多少困难，或需要多大的训练，始终会一如既往地向前迈开步子。只要抱着这种态度，你的想法就不愁不能实现。爱默生说过："有史以来，没有任何一件伟大的事业不是因为热忱而成功的。"事实上，这不是一段单纯而美丽的话语，而是迈向成功之路的指标。

　　实际上，热忱与内在精神的含义基本上是一致的。一个真正热忱的人，他内心的光辉熠熠发光，一种炙热的精神实质就会深深地植根于人的内在思想中。

　　无论是谁心中都会有一些热忱，而那些渴望成功的人们的内心世界更像火焰一样熊熊燃烧，这种热忱实际上是一种可贵的能量，用你的火焰去点燃别人内心热忱的火种，那么你又向成功迈进了一大步。

　　纽约中央铁路公司前总经理有一句名言："我愈老愈加确认热忱是胜利的秘诀。成功的人和失败的人在技术、能力和智慧上的差别并不会很大，但如果两个人各方面都差不多，拥有热忱的人将会拥有更多如愿以偿的机会。一个人能力不够，但是如果具有热忱，往往一定会胜过能力比自己强却缺乏热忱的人。"

　　不过，热忱不是面子上的功夫，如果只是把热忱溢于表面而不是发自内心，那便是虚伪的表现。如果这样，往往不能使自己获得成功，反而会导致自己失去成功的机会。

　　因此，训练热忱的方法是订出一份详细的计划，并依照计划执行，培养对热忱的持久感受，尽量使人的热忱上升，不使人的热忱逐渐下坠。

　　现在，告诉你如何建立热忱加油站，使你满怀工作热忱：

　　首先你要告诉自己，你正在做的事情正是你最喜欢的，然后高高兴兴地去做，使自己感到对现在的事业已很满足。其次，是要表现热忱，告诉别人你的事业状况，让他们知道你为什么对自己的事业感兴趣。

4. 直面恐惧，勇敢前行

美印第安人喜欢这样一句话："不敢面对恐惧，就得一生一世躲着它。"如果自己不能消除恐惧，那么它的阴影就会跟着你，变成一种无法逃避的遗憾。

你不应该允许自己到了七老八十，才用苍凉的声音说："我本来想当一名作家的……"或者"我小学的时候曾经得到演讲比赛第一名，只是现在……我……我……我一在大家面前讲话就发抖。"

我们总不会因为担心别人嫌自己丑而永不出门吧。

不要因为惧怕空难和车祸而不敢去旅行，始终掩藏着自己渴望看到新奇事物的心情。

不要因为恐惧失望而害怕爱情……

以此类推，很多恐惧都会被击败。

有一次，卡兰德在澳洲的一个漂亮饭店里，看着擅长游泳的朋友们在阳光下嬉戏，忽然有一种不舒服的感觉涌上心头。卡兰德告诉他们，自己怕晒黑，所以不想下水。朋友们笑着怂恿他："不要因为怕水，你就永远不去游泳……"

阳光下他们像海豚一样骄傲地嬉戏着，而卡兰德其实并不想躲在没有阳光的阴影里，只是看着他们快乐。他觉得自己是个懦夫。

一个月后，朋友邀卡兰德一起到一个温泉度假中心，他鼓足勇气下了水。

卡兰德发现自己并不像自己想象得那么无能，但他仍然不敢游到水深的地方。

"试试看，"朋友和蔼地对他说，"让水没过头顶，你看会不会沉下去！"

"你说什么？"卡兰德还以为他的朋友故意开玩笑。

卡兰德试了一下。朋友说得没错，在我们意识清醒的状态下，想要沉下去、摸到池底还真的不容易。真是奇妙的体验！

"看，你根本淹不死，沉不下去，为什么要害怕呢？"

卡兰德上了一课，若有所悟。从那天起，他不再怕水，虽然还算不上游泳健将，但游个四五百米是不成问题的。

世上许多引人瞩目的成就，都是在热忱的推动下完成的。关键所在，是要有把工作做好的热忱，并能善始善终。拉·封丹指出："无论做任何事情，都应遵循的原则是：追求高层次。你是第一流的，你应该有第一流的选择。"

5. 别让琐事误了大事

琐事烦人，琐事误人，处理不好琐事问题也是一些人的生存劣势之所在。有一条众所周知的名言："法律不会去管那些小事情。"如果一个人希望求得心理的平静，继续做他想做的事的话，就不该为这些小事忧虑。每个人都应该去做必须做的事情，因为生命太短促了，不该为顾及那些小事而抓狂。

古时有一位妇人，特别喜欢为一些琐碎的小事生气。她也知道自己这样不好，便去求一位高僧为自己谈禅说道，开阔心胸。

高僧听了她的讲述之后，一言不发地把她领到一座禅房中，落锁而去。妇人气得跳脚大骂。骂了许久，高僧也不理会。妇人又开始哀求，高僧仍置若罔闻。

妇人终于沉默了。高僧来到门外，问她："你还生气吗？"

妇人说："我只为我自己生气，我怎么会想到这种地方来受罪呢。"

"连自己都不原谅的人怎能心如止水？"高僧拂袖而去。

过了一会儿，高僧又问她："还生气吗？"

"不生气了。"妇人说。

"为什么？"

"气也没有办法呀。"

"你的气并未消逝，还压在心里，爆发后将会更加剧烈。"高僧又离开了。

高僧第三次来到门前时，妇人告诉他："我不生气了，因为不值得生气。"

"还知道值不值得，可见心中还有衡量，还是有气根。"高僧笑道。

当高僧的身影迎着夕阳立在门外时，妇人问高僧："大师，什么是气？"

高僧将手中的茶水倾洒于地。妇人视之良久，顿悟。叩谢而去。

何苦要气？"气"便是别人吐出而你却接到心里的那种东西，你吞下便会令你不适，你不看它时，它便会消散了。

下面是一个也许会让你毕生难忘、很富戏剧性的故事。故事的主人叫罗勒·摩尔。"1945年3月，我学到了我这一生中最重要的一课。"他说，"我是在中南半岛附近85米深的海底下学到的。当时我和另外87个人一起在贝雅S. S. 318号潜水艇上。我们由声呐发现，一小支日本舰队正朝着我们这边开过来。在天快亮的时候，我们升出水面发动攻击。我由潜望镜发现一艘日本的驱逐舰、一艘油轮和一艘猎潜舰。我们朝那艘驱逐舰发射了3枚鱼雷，但是都没有击中。那艘驱逐舰并不知道它正遭受攻击，还继续向前行驶。当我们准备攻击最后的一条船——猎潜舰，突然间它调转船身，直朝我们开来（一架日本飞机，看见我们在水下，把我们的位置用无线电通知了那艘日本的猎潜舰）。我们潜到水下50米深的地方，以避免被它测到，同时准备好应付深水炸弹。我们在所有的舱盖上都多加了几层栓子，同时为了使我们的潜伏保持绝对的寂静，我们关了所有的电扇、整个冷却系统和所有的发电机器。几分钟之后，突然天崩地裂。6枚深水炸弹在我们的四周爆炸开来，把我们直压到海底——深达85米的地方。我们都吓坏了，在不到300米深的海水里，受到攻击是一件很危险的事情——如果不到150米深的话，差不多都难逃劫运。而我们却在不到85米深的水里受到了攻击——九死一生啊。那艘日本的猎潜舰不停地往下丢深水炸弹，攻击了15个小时，要是深水炸弹距离潜水艇不到5米的话，爆炸的威力就可以在潜艇上炸出一个洞来。有一二十枚深水炸弹就在离我们15米左右的地方爆炸，我们奉命'固守'——就是要静躺在我们的床上，保持镇定。我吓得几乎无法呼吸，这下死定了。电扇和冷却系统都关闭之后，潜水艇内的温度几乎有100°F（约37.8°C），可是我却怕得全身发冷，穿上了一件毛衣及一件带皮领的夹克，可还是冷得发抖。我的牙齿不停地打战，全身冒着一阵阵的冷汗。攻击持续了15个小时之久，然后突然停止了。显然那艘日本的猎潜舰把它所有的深水炸弹都用光了，就驶开了。这15个小时的攻击，感觉上就像有1500万年。我过去的生活都一一在我眼前出现，我记起了以前做过的所有的事，包括我曾经担心过的一些小事情。在我加入海军之前，我是一个银行职员，曾经为工作时间太长、薪水太少、没有多少升迁机会而发愁。我曾经忧虑过，因为我没有办法买自己的房子，没有钱买辆新车，没有钱给我太太买好的衣服。我非常讨厌我以前的老板，因为他老是找我的麻烦。我还记得，每晚回到家里的时候，我总是又累又难过，常常跟我的太太为一点儿芝麻小事吵架；我也为我额头上的一个小疤——一次车祸留下的伤痕——发愁过。多年前，那些令人发愁的事看起来都是大事，可是在深水炸弹威胁着要把我送上西天的时候，这些事情又是多么的荒谬、微小。就在那时候，我答应我自己，如果我还有机会再见到太阳和星星的话，我永远永远不会再忧虑了。永远不会，永远也不会忘记在潜水艇里面那可怕的15个小时，我从生活里所学到的，远比我在大学念了4年的书所学到的要多得多。"

我们通常都能很勇敢地面对生活里面那些大的危机，可是，却往往会为一些小事抓狂。

人们之所以对小事缺乏足够的承受能力，恰恰证明这些小事对我们来说并非小事，是我们生命中极为看重的东西。但是，如果我们的确认为是小事，而又不能摆脱这种小事的烦恼时，那么，就证明我们还没有把精力集中在我们认为重要的事情上。因此，面对生活中的烦恼，我们首先要问自己："这是我生活目标中至关重要的事吗？为此花费时间与精力值得吗？"当我们集中精力追求自己的梦想时，生活中的烦恼便会大大减少，因为我们在自己梦想的追求中得到了自我价值的实现，就不在乎身边还有些丁丁点点的否定性烦恼。

一个人只有从小事中摆脱出来，才会有更多的精力投入到自己的大事中去。千万莫为小事抓狂。

6. 找到工作的乐趣

现实生活中的许多人认为，奋斗是辛苦的，但现在过分追求玩乐将来也必然会吃到苦头。那些辛辛苦苦做事的人期待有一天能够享清福，他们总会告诉自己，再吃点儿苦头吧！万一环境给的苦头不够，闲着也是闲着，就会找自己的麻烦，或找其他人的麻烦。他们已经习惯了，是没办法从"辛苦"中脱身而出的。世界上的人被二分法归类为"苦者恒苦，堕落者恒堕落"（你既瞧不起他，他也瞧不起你）。殊途同归的是，两种人都不快乐。

能够把生活和做事都当成享乐的人，真的很少。

心理学家乔治·韦伯说："如果你无法享受自己所做的事情，你不但欺骗了自己，也无法从中获得一点儿乐趣，只会使自己变得不可爱。"

有一次，有个女人对韦伯说，她是一个好妈妈。韦伯没有回应她的话，不过，他了解她的生活方式。她根本不会游泳，也不喜欢玩水，但她还是每天带孩子去游泳，也几乎每天打乒乓球。她虽然把孩子照顾得无微不至，却觉得这个世界冷酷无情。她的孩子非常爱她，却又有点想躲开她。

夏天在游泳池畔，我们常常看到这类母亲：她们从不下水，无奈地在一旁看报纸，或跟坐在旁边的太太抱怨自己的辛劳，还不时对水中的孩子大呼小叫："危险！不要这样！回来！"牺牲精神令人佩服，但这种态度却连旁人都觉得非常紧张。

也许真的是在尽义务，但不妨放慢脚步，享受一下自己目前正在做的事情。对于生活来说，永远只有现在，我们拥有的每一刻都是当下的这一刻，要充分享受现在。有时必须做的事情确实是我们无法从心里喜欢的，我们就好像是爱看警匪片的人，却被迫待在电影院里看一部言情片，又无法脱身。一直当个不快乐的旁观者，电影会演完；做个享受剧情发展的人，电影也会演完，何不让自己愉快些，不要如坐针毡。

与其盲目地追求生活的享受，不如细细体味一下眼前的工作。

第四章　把握时间，实现价值

时间就像海绵里的水，只要愿意挤，总还是有的。

——鲁迅

有时我想，要是人们把活着的每一天都看作生命的最后一天该有多好啊！这就更能显出生命的价值。

——海伦·凯勒

告诉我，你运用时间和金钱的方法；我将告诉你，10年后你将变成什么样子。

——拿破仑·希尔

"那本书要多少钱？"一个在书店里徘徊了一个小时的男子问道。"1美元，"店员回答道。"要1美元！"那个徘徊了良久的人惊呼道，"你能便宜一点儿吗？""没法便宜了，就是1美元。"

这个颇有购买欲望的人又盯了一会儿那本书，然后问道："老板在吗？""在，"店员回答说，"他正忙印刷间的工作。""哦，我想见一见他。"这个男子坚持道。书店的老板被叫了出来，陌生人再一次问："请问那本书的最低价是多少，先生？""1.25美元。"老板斩钉截铁地回答道。"1.25美元！怎么会这样子呢，刚才你的店员说只要1美元。""没错，"老板说道，"可是你还耽误了我的时间，这个损失要比1美元大得多。"

这个男子看起来非常诧异。为了尽快结束这场谈判，他再次问道："好吧，那么告诉我这本书的最低价吧。""1.5美元。"老板回答说。"1.5美元！天哪，刚才你自己不是说了只要1.25美元吗？""是的，"老板冷静地回答道，"可是我刚才又耽误了一些时间。"

这个男子默不作声地把1.5美元放在柜台上，拿起书本匆匆地离开了书店。

有一个癌症病人，他想用自己最后几年的生命去圆他尚未实现的27个梦想，结果他居然一个一个地把那些梦想全实现了。后来他告诉别人："我真的无法想象要不是这场病，我的生命该是多么地糟糕。是它提醒了我，去做自己想做的事，去实现自己想要实现的梦想。现在我才体会到什么是真正的生命和人生。"

在这个世界上，其实我们每个人都患有一种癌症，那就是不可抗拒的死亡。我们之所以没有像那位癌症病人一样抛开一切多余的东西去实现梦想，去做自己想做的事，也许是因为我们认为自己还会活得长久。然而也许正是这种自以为是，使我们的生命有了质的不同，有些人把梦想变成了现实，有些人则把梦想带进了坟墓。

"把握生命里的每一分钟，全力以赴我们心中的梦"——周华健一首红遍大江南北的《真心英雄》，道出一个成功者对时间的态度。

念好时间管理这本"经"

一天又一天，时间就像一个乔装打扮的朋友，如约前来拜访我们，在它看不见的手上，携带着无价的礼物。但是，如果我们不利用它，它就会悄无声息地溜走。就像针尖上一滴水滴在时间的河流里，无声无息、无影无踪。

每一个鸟语花香的早晨，伴随着东方初升的那一轮旭日，新的礼物又来了。但是，如果我们没能接受那些在昨天和前天来的礼物，那么，我们欣赏和利用今天的能力也将逐渐萎缩、退化，直至那么一天，我们完全丧失了这种能力。丧失的财富可以通过秣马厉兵、东山再起而赚回；忘掉的知识可以通过卧薪尝胆、勤奋努力而复归；丢掉的健康可以通过饮食的调节和医疗保健来改善；而唯有我们的时间，流失了就永不再回。

对时间情有独钟的比尔·盖茨，在和友人的一次交谈中说："一个不懂得如何去管理时间的商人，那他就会面临被淘汰出局的危险。而如果你管住了时间，那么就意味着你管住了一切，管住了自己的未来。"

其实何止商人需要懂得时间管理，我们人人都要念好时间管理这本"经"。唯有对时间的科学管理，才能合理地运用有限的时间，以便更好地达到自己的目标。

1. 管理时间先改变观念

一般人在不同的环境、不同的年纪、不同的心绪下，对时间可能会保持不同的看法，而这些看法之间往往是相互矛盾的。如当一个人需要料理的事情太多时，他总会感到"时间不够支配"，但是当一个人无所事事时，就又感到"不知如何消磨时间"。可见，一般人对时间的态度是极为主观的。被誉为全球最著名刑事辩护律师的德肖维茨指出，在各种时间观念之中，下列五种观念特别不利于对时间的有效运用。

（1）视时间为主宰

视时间为主宰的人，将一切责任交托在时间手中。对这种人来说，充分利用时间被当作一种信念。这种人深信"这只是时间问题""岁月不饶人""时间是最好的试金石"这一类的说法。在他们心目中，时间犹如驾驶员，而自己则好像是乘客！

视时间为主宰的人的一个主要行为特征，便是重形式而不重实质。例如，尽管他们有时需要更多的休息，但有些人每天总是在同一时间起床；尽管他们有时在那个时间并不感到饥饿，但是有些人每天总是在同一时间进餐。

有些人总是恪守固定的时间办事，而不愿稍作变动。例如在下班时，虽然下一班6:05的班车不愁没有座位，但是有人总是赶5:45那趟拥挤不堪的班车。

（2）视时间为敌人

视时间为敌人的人，经常将时间当作超越与打击的对象。以下是这种人的行为特征。

①自己设定难以完成的时限，以便"打破纪录"或"刷新纪录"。例如，有些人开车上班喜欢寻找捷径，以便创造纪录。对这种人来说，节省下来的一点儿时间好像能积蓄下来似的。

②在任何约定时间的场合，因早到而感到"胜利"，因迟到而感到"沮丧"。这种"胜利"或"沮丧"的感觉，是针对时间的早晚而产生的，并非针对时间的早晚所导致的后果而产生的。

视时间为敌人，就是重效率而不重效能。"效率"基本上是一种"投入—产出"的概念，当我们能以较少的"投入"获得同等的"产出"，或是以同等的"投入"获得较多的"产出"，甚至以较少的"投入"获得较多的"产出"时，则被视为富有效率。

（3）视时间为神秘物

视时间为神秘物的人通常都认为时间高深莫测，他们对待时间的态度与他们对待自己身体的态度极为相似。除非等到他们的肠胃出毛病，否则他们不会意识到肠胃的存在或是肠胃的重要性。同样，除非他们感觉到对时间的使用受到限制，否则他们不会意识到时间的存在或是时间的重要性。

视时间为神秘物的人因为忽视时间所带来的各种限制，所以能够专心致志地工作。这未尝不是一种长处。但是，时间对绝大多数人来说，常常是吝啬的。除非他们真正了解到这种吝啬，否则将无法适当地从事时间的调配。

（4）视时间为奴隶

视时间为奴隶的人最关切的是如何管理时间。"视时间为奴隶"这种观念转化成管理者的一种行为，便是长时间地沉迷于工作，成为所谓的"工作狂"。

统计调查显示，每周工作时间超过55小时甚至60小时的人大有人在。令人感到奇怪的是：这些长时间工作的人大多数都不认为自己工作时间过长。事实上，有些人只有等到心脏病突发、太太闹情绪，或子女求见时，才会感到自己的工作时间过长了。

实际上，只要他们不对时间抱任何成见，或加以任何价值判断，而视之为中性资源，则可能对它做出比较有效的运用。视时间为中性资源，犹如人力资源、财力资源、物力资源与技术资源那样，将有助于人们切实把握"现在"，而不致迷失于"过去"或"未来"。

（5）认为"时间还多"

著名的管理学顾问柯维在纽约讲课的时候，曾问一个班的学生，他们有没有去过尼亚加拉瀑布旅游。令他意外的是，居然摇头的占相当高的比例。他们的道理也很简单："因为近，心想反正什么时候要去都成，所以一直拖了下来。"妙的是那些人多半去过需要几天车程的佛罗里达或更远的夏威夷。

这就是"拖"的一种表现。拖时间的人不一定是没有时间，相反可能有充裕的时间；拖欠债款的人常在手头有钱时拖着不还，直到没有钱；拖延不给朋友回信的人也可能总是把信放在案头，天天都想回，却一拖就是几个月。

你会发现，爱迟到的人似乎总是迟到。远程的约会他要迟到；在他家旁边碰面，他可能还是迟到；连你早早到他家，坐在客厅里等，只见他东摸摸、西摸摸，到头来仍然无法准时出发。其原因是什么呢？难道是心理有毛病吗？

其实，他们的心理不是有毛病，却可能总是在心里想：

"不急嘛！时间还多！"

"不急嘛！还有一些时间！"

"不急嘛！大概正好可以赶上！"

"不急嘛！如果运气好，还不会迟太多！"

"不急嘛！对方也可能迟到！"

最后则是："不急嘛！反正已经迟了！"

问题是，他这一拖就不知要拖去别人多少时间，更失去了多少宝贵的光阴和成功的机会。

课堂上，一位学生问柯维："我就是爱拖，怎么办？"

柯维的答案是："不要拖！立刻行动！"

柯维指出，当你把心里面那些"不急嘛！""不急在今天！""时间还多！"的意念完全抛开，而告诉自己"立刻行动"时，你拖拖拉拉的毛病就自然被克服了。

2. 时间管理的原则

现在来看一下你的时间是如何使用的。

记录自己时间的目的在于知道自己的时间是如何消耗的。为此，要记录时间的耗用情况。要掌握在精力最好的时间干最重要的事。精力最好的时间，因人而异。每个人都应该掌握自己的生活规律，把自己精力最充沛的时间集中起来，专心去处理最费精力、最重要的工作，否则，常常把最有效的时间切割成无用或者低效率的零碎时间，这无疑是一种浪费。试着找到无效的时间，首先应该确定哪些事根本不必做，哪些事做了也是白费劲。凡发现这类事情，应立即停止这项工作，或者明确应该由别人干的工作，包括不必由你干，或别人干比你更合适的，则交给别人去干。其次，还要检查自己是否有浪费别人时间的行为，如有，也应立即停止。消除浪费的时间，因为时间毕竟是个常数，人的精力总是有限的。

分析一下自己的时间都用到哪里去了？这是时间管理的第一步。介绍一个例子，惠普公司总裁普莱特把自己的时间划分得很好。他花20%的时间和客户沟通，35%的时间开会，10%的时间打电话，5%的时间看公文。剩下来的时间，他花在一些和公司无直接关系，但间接对公司有利的活动上，例如业界共同开发技术的专案、总统召集的关于贸易协商的咨询委员会等。当然，他每天也留一些空当时间来处理发生的情况，例如接受新闻界的访问等。这是他与他的时间管理顾问仔细研究讨论后得出的最佳安排。

对照一下你是否有时间管理不良的征兆？看看你是否有以下这些问题：你是否同时进行着许多个工作方案，但似乎无法全部完成？你是否因顾虑其他的事而无法集中心力来做目前该做的事？如果工作被中断你是否会特别震怒？你是否每夜回家的时候累得精疲力竭却又觉得好像没做完什么事？你是否觉得总是没有什么时间做运动或休闲，甚至只是随便玩玩也没空？

对这些问题，只要有两个回答"是"的话，那你的时间管理就出了问题。

有效的个人时间管理必须对生活的目的加以确立。先去"面对"并"发现"自己生活的目标在何处，问问自己："为什么而忙？""到底想要实现什么？完成什么？"问自己这些问题也不是件挺舒服的事，但对自己的生活颇有启发作用。接下来应要求自己"凡事务必求其完成"，未完成的工作，第二天又回到你的桌上，要你去修改、增订，因此工作就得再做一次。

你是否了解下面一些时间管理的原则呢？

（1）设定工作及生活目标，排好优先次序并照此执行。

（2）每天把要做的事列出一张清单。

（3）停下来想一下，现在做什么事最能有效地利用时间，然后立即去做。

（4）不做无意义的事。

（5）做事力求完成。

（6）立即行动，不可等待、拖延。

对于检讨时间管理，拿破仑·希尔曾设计了22个问题，他希望读者对这些问题能诚实地回答，切勿故意说假话来满足自己的虚荣心。因为回答这些问题的目的，在于使自己发现哪些地方应进行改善，而不是要给自己什么奖赏。现将他所设计的问题原文摘录如下：

·你制定明确的目标了吗？制订了切实可行的执行计划了吗？每天花多少时间在落实执行计划上？主动执行或是想到了才执行？

·你的成功目标是一种强烈的愿望吗？多久才会检讨一次这个愿望？

·为了达到明确目标，你做了什么付出？正在付出吗？何时开始付出？

·你采取了什么步骤来组织智囊团？你多久和成员们接触一次？你每个月、每周和每天和多少成员谈话？

·你有无接受一些小挫折作为促使自己做更大努力之挑战的习惯吗？你能从逆境中找出等值利益的关键所在吗？

·你是否把时间花在执行计划上或是老想着你所碰到的阻碍？

·你经常为了将更多的时间用来执行计划而牺牲娱乐吗？或者经常为了娱乐而牺牲工作时间？

·你能把握每一分钟时间吗？

·你把你的生活看成是你过去运用时间方式的结果吗？你满意你目前的生活吗？你希望以其他方式支配时间吗？你把逝去的每一秒钟都看成是生活更加进步的机会吗？

·你一直都保有积极心态吗？是大部分时候都保持积极心态还是仅在有的时候才积极？你现在的心态积极吗？你能使自己的心态立刻积极起来吗？积极之后呢？

·当你以行动具体表现自己的积极心态时，是否真的会经常展现你的个人进取心？

· 你相信会因为幸运或意外收获而成功吗？什么时候会出现这种幸运或意外收获呢？你相信你的成功都是因为自己的努力付出所换得的结果吗？你何时付出了努力？

· 你曾经受到他人进取心的激励吗？你经常受到他人的影响吗？你经常真正地以他人作为榜样吗？

· 你在什么情况下会表现出多付出一点点的举动？每天都会这样付出或只有在他人注意时才会多付出吗？你在表现多付出一点点的举动时的心态呢？

· 你的个性吸引人吗？你会每天早晨照镜子并且改善你的微笑和脸部表情吗？或者你只是单纯的洗脸刷牙而已？

· 你如何保持自己的自信心？你何时奉行使得自己拥有无穷智慧的激励力量？你经常忽视这些力量吗？

· 你培养自己的自律能力吗？你的失控情绪经常会使你做一些令你很快就感到遗憾的事情吗？

· 你能控制恐惧感吗？你经常表现出恐惧吗？你何时以你的信心取代恐惧？

· 你经常以他人的意见作为事实吗？每当你听到他人的意见时，你会抱着怀疑的态度吗？你经常以正确的思考来解决你所面对的问题吗？

· 你经常以表现合作的方式来争取他人的合作吗？

· 你给自己发挥想象力的机会吗？你何时运用创造力来解决问题？你有什么需要靠创造力才能解决的问题吗？

· 你会放松自己，运动并且注意你的健康吗？你计划明年才开始吗？为什么不现在就开始呢？

拿破仑·希尔认为设计这份问题单的目的，在于促使人们对自己做一番思考。一个人对于时间的运用方式充分反映出他将成功原则化为自己生活一部分的程度。如果你对上述某些问题的答案是"否"，那么你就要注意了。你要朝回答"是"的方向努力。

3. 善于计划，有条不紊

就如同在旅游时需要一个路线图一样，当我们制订了目标以后，需要一个详细的行动计划。它可以告诉我们该如何从现状走向未来，告诉我们如何运用资源帮助自己实现目标，它还为目标制订了明确的工作进程和结束日程安排。人们需要计划，因为计划是实现目标的唯一手段。正确的计划还是省时的好工具。计划是重要的，而欠妥的计划不但省不了时间，还会拖延时间。

合理的计划可以给我们的工作带来很多好处：

——计划可以帮助我们分清工作的价值，从而能够有重点地进行工作，避免把时间花在简单易行并不重要的事情上；

——计划可以帮助我们分清工作的前后次序，并对工作有一个最初的认识，进而能够有条不紊地进行工作，避免次序颠倒而因小失大；

——计划可以帮助我们对现在进行的工作有一个明确的认识，对接下来的工作心中有数；

——计划可以避免许多不必要的人力、物力浪费，尤其是多人合作开展工作，若以良好的计划来作为指引，则可以使责任明确，避免人浮于事；

——完善的计划是一面镜子，让我们随时可以检查自己是否已经达到预期的目标，看到自己的不足，明确今后的重点；

——有了计划，无形中给了我们一种压力，压力就是动力，可以使我们早日完成目标。

一个没有计划的人，做事往往没有方向，遇事则手忙脚乱。长时间下去，会打乱整个生活规律，可以说"百害而无一益"。

下面将告诉你如何制订计划：

（1）确定任务完成时间

做事情没有期限，想到哪做到哪，过一天算一天，这样只能虚度年华，再好的计划都不会有用。所以在我们做任何事情时一定要设计出完成期限。在具体实施时，一定要努力按照规定的时间完成任务。

（2）制订较详细的计划

不用担心计划清单太长，因为一旦列好了清单，下一步就是按它们的重要程度排列，把它们可以被完成的程度也考虑在内。有一些看起来似乎不错的目标，我们可能不得不把它们暂缓或抛弃，因为它超出了我们能迅速控制的范围而显得不实际。一旦目标依照次序排列出来，我们就应该决定哪些目标可以先开始实行。

（3）做出公开承诺

在制订好详细的计划后，把它公布于众，让同事们都了解工作日程安排。公开承诺有着双重的价值，一来能让人们知道我们想做什么，以便于人们有更多机会适应我们的做法；二来展示自己的决心。没有人会喜欢公开的失败，正是这个原因使我们会加强行动的动力。

（4）经常检验自己的计划

在计划实施时，要不断地检验自己的行动，看其是否偏离自己的目标，一旦偏离就要及时纠正。越是不断检验自己的计划，我们越会充满激情地去追求目标。

（5）留有计划外的时间

在计划时间上重要的一步是不要过分安排自己的事情。如果把一天的时间都安排的满满的，没有一点儿空闲，那么，一旦出现不可预料的危机或机遇该怎么办？是不是日程全部被打乱掉了。尤其在完成重要工作时，一定要给自己留下一定的缓冲时间。

日程安排本身不是一种结束，只是达到目的的一种方法，要允许自己有一定的灵活性，并在计划中体现出来。大多数有经验的人在制订计划时，只安排一天中80%的时间。时间计划新手应从一天的70%的时间开始做起，实验经验会使新手很快达到专业的水平。

对于勤奋者来说，时间似乎永远不够用，但如果善于计划，则可以使我们的工作、学习、生活有条不紊地延续下去。计划并不是日常的一件琐事，它既是对令人兴奋的一天的总结，也是对更加兴奋的明天的展望。

4. 合理安排你的时间

由于昨天睡得太少，小胖今天刚吃完晚饭，就说要先去躺一下，再准备后天的考试。可是当爸爸在晚上9点钟叫他起来复习功课的时候，他又用被子蒙着头，含含糊糊地说：

"干脆睡到明天早上再起来念书吧，反正明天也不用上学！"

"那么你算算你一共睡了多少小时？那可是11个钟头啊！后天要考三科，你能这样大睡吗？另外，你明天打算几点钟上床，如果按照惯例拖到深夜2点，那就是20个小时，你可以连续读20个钟头的书，仍维持高效率吗？"

小胖蒙着被子想了想，跳起来。

是什么改变了他的初衷？是清醒之后的分析、判断！

当你睡得迷迷糊糊的时候，不可能有明确的判断。甚至你会发现，在早上起不来时，原有的斗志都糊里糊涂地消失了，你很可能对自己说："哎呀！这个计划太麻烦，何必呢？算了！改天再说吧！"

许多不错的计划，都是这样打消的！许多可以改变一生的机遇，就被这样错过了！

因此，当你决定充分利用时间的时候，一定要先使自己清醒起来，冷静地想一想究竟怎样做才合理。

（1）一天时间的分析

我们每个人每天都有24小时可以支配，粗略的分配方式大致为：8小时睡眠，8小时工作，8小时休息。

拿破仑·希尔认为，不应把过多的时间花在睡眠上，因为这样将有损于你的健康。也可能会偶尔从睡眠时间中"偷"一二个小时做别的事情，但这是一种不好的习惯，千万别培养不良习惯。

当你花另外8小时在工作上时，应该将你的全部心力集中在你的明确目标上，并展现你要多付出一点点的习惯。

最后8小时虽然是你的休息时间，但是仍然必须小心支配，我们常会把这段时间花在处理家里的琐事上，或是那些其他没有直接获利的事上，但它可能是你做好工作的基础。

（2）工作上的时间管理

拿破仑·希尔曾引述莱肯和温斯顿二位的著作中关于支配工作时间的建议，其大致内容如下：

找出你这一天、这一周和这个月要处理的工作，在一张纸上画出四栏，并在左上角贴上"重要而且紧急"的标签，在这一栏内填入必须立即处理的工作，并依次写下每项工作的处理日期和时间。

在右上角贴上"重要但不紧急"的标签，并填入必须做但又不必立即处理的工作。如果认为这一栏的工作上升为最重要的事时，则可以不必填写在左上角的栏中，只要依次写下每项工作的处理日期和时间，每天审查一下这一栏的工作，以确保不会有工作变成"重要而且紧急"的项目。

左下角贴上"不重要但却紧急"的标签，在这一栏中所填写的，都是一些必须立即处理的琐事，诸如某人需要你的建议，有人要你马上去买一些小东西等等。当然你也能把这些事情记在"重要而且紧急"一栏中，但本栏的目的在于使你了解有些事物虽然"紧急"却并不等于"重要"。

最后，在右下角贴上"不重要也不紧急"的标签，你当然可以让这栏一直空着，反正写在这一栏的工作，都是你可不必在意的项目，但本栏的目的在于告诉你事实上有许多事情是属于"不重要也不紧急的项目"。

在你的办公桌上通常会放着两种纸张：一种是有用的，一种是没有用的。你应赶快把没有用的纸都丢掉，并且绝对不要在桌上再看到任何没有用的纸张。

你用来处理那些有用资料的时间要尽可能的少。如果可能的话，你应该立即处理资料、阅读最新资料、签署授权书、写回函，等等。至于像杂志类的阅读资料，应留有特定的时间来阅读。

如果你无法一次处理完文件时，应在文件上方角落的位置点一个点，当再度处理该文件时，再点一个点，如此一来，你就可以清楚地了解你是分成几次来处理相同的文件，并可趁此机会为今后做一番改进。

（3）预算你的休闲时间

工作常常会占满所有的时间（包括你的休闲时间），除非你下决心要挪出一些时间来做你认为重要的其他事情。如果你能依照下列方法分配时间，可确保能做到应该做的事情。

①每天花1小时安静地思考下列事项：

· 为明确目标所制订的计划；

· 和智慧进行沟通，并表现出对目前幸福的感激之情；

· 分析自己，确定自己必须控制的恐惧心情，并且修订克服这些恐惧的计划；

· 寻求加强和谐关系的方法；

· 你希望要得到的东西。

②每天花2小时的时间，为你的社区、配偶或家庭提供一点点的服务，并且不要求回报。

③每天花1小时学习新的知识，不断为自己"充电"。

④每天花1小时和你的同事或你的亲密朋友接触，其余3小时可用来放松自己、休息、运动或做其他的事。

当你熟悉这些活动之后，便可把它们和其他事情结合在一起，你可以在坐车上班的时间思考或阅读。如果你必须开车上班的话，可以在车里听一些自修录音带。和你的同事共乘一辆车，并且利用在路上的时间，进行讨论和解决问题。如果你的休闲活动是一项值得推广的活动时，不妨教导社区内的年轻人，你也可以从事任何其他适合你做的运动。

　　每周以6天的时间按照上面的计划进行，并且在第七天时什么也不做，只是放松自己的身心，或从事一些可使你冷静达观的活动，你可利用这一天多陪陪你的家人，你会为你所做的事情感到高兴。

5. 列一个时间记事表

　　使用时间记事表是控制时间最有效的工具之一。不要把填写这种表当作例行公事，它也是一种自我诊断与自我指导的方法，每隔几个月，特别是当办事效率减退时，更要采用这种方法来提高自己的办事能力。使用这种记事表要比看起来容易得多。

　　制一张每日时间记事表，根据你自己的状况不断加以修正。这种表可以包括两类：一类是"活动事项"；另一类是"业务功能"（活动目的）。把一天的办公时间分为每15分钟一个时间段，然后在上面打两个记号，每一类下面各一个，并且按照需要，在"附注"栏中注明你确实做了些什么。

　　你可以把这张表放在一边的架子上，不使用的时候就看不到它，然后每半个小时左右（不超过1个小时）填写一次。一天积累下来，填写这张表大概只要三四分钟，但是它产生的效果却极为惊人。

　　你会发现以前根本说不清楚时间究竟都用到哪里去了，记忆力在这方面是不可靠的，因为我们往往只记得一天中最重要的事情——也就是我们完成了某些事情的时刻——而忽略掉我们浪费或未能有效利用的时间。那些琐碎的事项，小小的分心都不太重要，所以我们也记不住。但这些正是我们最需要辨明并加以修正之处。

　　填写这个表两三天之后，就会惊讶地发现，有很多地方可以改进。例如，你可能会发现你以前并不知道你竟然花了那么多的时间用于阅读贸易刊物、报纸、报告，等等，因此想找出一个办法来减少用于这方面的时间。也可能会惊讶地发现，你竟然花了那么多时间用在赴约的路上，因此想办法改进行程表，一次去几个地方或多利用电话。你也可能会发现你把计划15分钟的喝咖啡、休息时间竟延长到40分钟（从办公桌到咖啡店的来回）。花40分钟或许是值得的，但是只有在你从文字记录中确实看出你究竟用了多少时间之后，你才能够判定它是不是值得花那么多时间。

不过最重要的是，你会更惊讶地发现，你实际上只用了一点点时间做你认为是最优先的事。而和你东奔西走地处理那些次优先的事务相比，你用于计划、预估时间、探寻和利用机会，以及努力达到目标等等的时间真是太少了。时间记事表具有把冷水泼在头上的效用，虽然一时间会感到不愉快，却能使人清醒过来，并且重新振作起来。

我们每个人都需要自律，就应该学会绘制或填写时间记事表。当真正做到之后，保证会出现一些惊喜的效果：在几天以内，只需用远比自己想象中的时间少得多的时间来填写记事表，它一定会为你使用时间指出重要的改进途径。

今天就开始制订一张时间记事表吧！

6. 充分运用时间的4个方法

提高运用时间的质量有以下4个方法。

（1）一开始就把事情做对

当一群人竞争的时候，哪种人能获胜？当然是"错得少的人"！这就好比开车到某地，在不赶时间的情况下，你可以说："慢慢找嘛，错了再调回头，总会碰上的！"但为什么不想想，如果能先看好地图，先找出正确路线，你就不必心中那般茫然，也就不必担心走过了再调回头。于是，省下了时间，可以做些其他的事！

时间，这正是问题所在！20年前车少，你可以很容易地调头。今天处处是单行道，只怕错过一个出口，就要用上很长的时间才能找回去。

如此说来，为什么要匆匆行动呢？

在这讲求效率的时代，不先做出计划就匆匆动手的人，在未行动之前，已经注定了失败！

（2）保持最佳情绪

良好的情绪是人机体的润滑剂，它可以促进生命运动，给人以充沛精力。谁都有这样的体验，人在情绪好时，心理放松，竞技状态就佳。良好的精神状态可以大大提高有用功效，减少无用功。因此，一个人要努力使自己热爱事业、热爱工作、热爱生活、乐观豁达、目光远大。尤其是刚刚步入社会、走向生活的青年人，更应学会控制自己的情绪，使自己善于控制因身体、恋爱和婚姻的挫折以及对新环境的不适应而引起的情绪不稳，保持最佳的情绪状态，以旺盛的精力、良好的心情，度过充实而有意义的高质量的人生，切莫让忧虑、犹豫和痛苦压倒自己。这种情绪既不能挽回过去，也不能改变将来，只会贻误宝贵的青春，浪费宝贵的时间。

（3）学会适当休息

从生理学观点来看，人的全身是一个整体，各个部位所以能和谐地运动，全靠中枢神经系统的调节。神经细胞活动时，消耗神经细胞内的物质，当它处于抑制状态时，能通过生化作用使细胞新陈代谢，吸收血液中带来的养分。如果兴奋状态长时间持续下去，各种营养物质得不到补偿，神经细胞就会死亡。因此神经细胞的工作能力只能具有一定的限度，有一个临界强度值。如果工作持续太久，超过了这个临界强度值，就会出现效率的下降，这时，大脑就应应用其他的行为方式，加以适当调节，才能保证工作的持久性和效率，因此，劳逸结合，适当休息显得十分重要。不能把休息仅仅理解为睡眠，休息还包括文娱体育活动、散步、旅游等有益身心的活动，锻炼身体也是积极的休息。

（4）利用最佳时间

一个人在一天24小时中，各个时段的精力各不相同，而不同的人又有差别。有的人早晨精力好，有的人可能晚上精力好，有的人凌晨起床后半小时最容易激发创新意识；有的人喜欢把重大问题放在早饭后考虑；有的人擅长于连续思索，思绪高潮往往在连续思索开始后一小时左右出现。据统计，大约50%以上的人，其能动性在一昼夜之内有显著变化，其中17%的人早晨能动性高，33%的人在晚间能动性最高。我们把工作效率最高、能动性最强的那段时间称为最佳时间。每个人都应从自己的具体情况出发，根据自己"最佳时间"出现的规律，尽量将高质量的"时能"提供给最重要的需求，最大限度地开发和利用"时间能源"。

让每一分钟的价值最大化

一位著名的运动员接受采访，在被问及成功的秘诀时，她回答说：在她的概念里，生命就是由很多个一分钟组成的。所以她对待每一分钟，都像对待自己的生命一样。鲁迅先生曾经说"时间就像海绵里的水，只要愿意挤，总还是有的"。的确，节约点滴时间，正是许多人成功的秘诀。不积小流，无以成江海。在别人放过那些微小的时间沙粒的同时，勤奋者却把它们一一拾起，用这笔财富进行了一项技能投资，充实和完善着自己。

1. 重视零碎时间的利用

拿破仑说，他之所以能打败奥地利人，是因为奥地利人不懂得5分钟的价值。但在滑铁卢一战中，据说拿破仑的失败也与他没有把握好时间有关。而在如今的商品社会，快捷和准时同样重要。

"快！快！快！加快步伐！"这句警示人们的话常常出现在英国亨利八世统治时代的留言条上，旁边往往还附有一幅图画，上面是没有准时把信送到的信差在绞刑架上挣扎。当时还没有邮政事业，信件都是由政府派出的信差发送的，如果在路上延误是要被处以绞刑的。

在古老的、生活节奏缓慢的马车时代，用一个月的时间经过长途跋涉才能走完的路程，我们现在只要几个小时就可以穿越。但即使在那样的年代，不必要的耽搁也是犯罪。文明社会的一大进步是对时间的准确计量和利用。

把零碎时间用来从事零碎的工作，从而最大限度地提高工作效率。比如在乘车时，在等待时，可用于学习，用于思考，用于简短地计划下一个行动，等等。充分利用零碎时间，短期内也许没有什么明显的感觉，但长年累月，将会有惊人的成效。

滴水成河。用"分"来计算时间的人，比用"时"来计算时间的人，时间多59倍。

"噢，还有5~10分钟就要开饭了，现在什么事都干不了。"这是我们生活中最常听到的一句话。但实际上，有多少身处逆境、命运多舛的人，充分利用了时间，从而为自己建立了人生和事业的丰碑。那些虚掷了时光的人，如果能够有效利用的话，完全有可能成为出类拔萃的人物。

鲁迅先生就说过："哪里有什么天才，我只不过把别人喝咖啡的时间用在了写作上。"

外国作家马莉恩·哈伦德也取得了非同凡响的成就，而这主要归功于他能够精打细算地利用每分每秒。作为一个繁忙的母亲，她既需要照顾孩子，又需要操劳家务。然而，任何一点儿闲暇，她都用来构思和创作她的小说和新闻报道。尽管她成就卓著，然而，终其一生她都受到各种各样的干扰，这种干扰使得绝大多数妇女在琐碎的家庭职责之外不可能有别的作为。由于她超常的毅力和分秒必争的态度，她做到了化平凡为神奇，而最终成就了一番事业。

无独有偶，哈丽特·斯托夫人同样是有着繁重家务的家庭主妇，但她完成了那部家喻户晓的名著——《汤姆叔叔的小屋》。类似的例子真是不胜枚举，比彻在每天等待开饭的短暂时间里读完了历史学家弗劳德长达12卷的《英国史》。朗费罗每天利用等待咖啡煮熟的10分钟时间翻译《地狱》，他的这个习惯一直坚持了若干年，直到这部巨著的翻译工作完成为止。

时间是如此宝贵，然而，浪费时间的人却随处可见。

在位于费城的美国造币厂中，在处理金粉车间的地板上，有一个木制的盒子。每次清扫地板时，这个格子就被拿了起来，里面细小的金粉随之被收集起来。日积月累，每年可以因此节约成千上万美元。

事实上，每一个成功人士都有这样的一个"盒子"，用于把那些零碎的时间，那些被分割得支离破碎的时间，都收集利用起来。等着咖啡煮好的半个小时，不期而至的假日，两项工作安排之间的间隙，等候某位不守时人士的闲暇，等等，都被他们如获至宝般地加以利用。

"所有我已经完成的，准备完成的，或者是想要完成的工作，"埃利胡·布里特说，"都跟蜂窝的形成一样，是经过或即将经过长期艰巨、单调乏味、持之以恒的积累过程——材料的日积月累、思想火花的不断撞击和对真理的不断辨析。如果我是受到了某种雄心的激励，那么，我最崇高也是最热切的愿望就是能够为美国的年轻人树立这样一个榜样——把那些被称之为瞬间的点点滴滴充分利用起来，便诞生了奇迹。"

德·格里斯夫人是法兰西王后的密友，当她等待给公主上课之前，她就把时间用于创作，日积月累，她竟然写出了好几部充满吸引力的著作。苏格兰著名诗人彭斯许多优美的诗歌，是他在一个农场劳动时完成的。

《失乐园》的作者弥尔顿是一位教师，同时他还是联邦秘书和摄政官秘书。在繁忙的工作之余，他利用一些零碎的时间，抓紧每一分一秒，坚持创作。

发明天文望远镜的伽利略同时也是一个外科医生，他以专心致志的态度和常人少有的勤劳，挤出时间从事科学研究，充分利用一分一秒的时间进行思考、探索和研究，从而为后人留下了丰硕的成果。

在我们的周围，有成千上万的青年男女对光阴的匆匆流逝视而不见、麻木不仁，不能好好珍惜时间。他们无法真正意识到时光如箭的残酷，自信还有充裕的时间在等着他们，仿佛一个有钱人多叫几个好菜而并不在意它们是否会被白白倒掉一样。当他们在毫无顾忌地虚掷大片大片的光阴时，另外一些懂得时光如流水、年少难再来的人则在与时俱进，争分夺秒。

许多伟人之所以能流芳百世，一个重要的原因就在于他们十分惜时。他们在有限的时间里，充分利用上天赐予他们的每一分钟，一刻不停地工作并取得进步。在欧洲文艺复兴的时代，许多文学创作者同时又都是勤奋工作、恪尽职守的商人、医生、政治家、法官或是士兵。

我们每天的生活和工作时间中都有很多零碎时间，如有人约你一起吃中饭而迟到，于是你只能等待；或者你到修车厂去而车子无法按约定时间交付；或在银行排队而向前移动缓慢时，等等，不要把这些短暂的时间白白耗掉，完全可以利用这些时间来做一些平常来不及做的事情。

如果你留心一下会发现，我们每天中的这种时间太多了。推销员常常发现，在接待室等待和顾客面谈的时间足够他办完所有书写工作：给上一位顾客写信、计划以后拜访哪些人，填写支出费用的报告，等等。每个人都可以找些适当的细小工作，利用这个时间空当来完成，只要把必备的表格或资料带在手边就可以了。

也可以在随身带着的约会记事本内夹五六张小卡片。这种做法很有用。每当想到了一个好主意，或要开列一张表，或看到一些要抄录下来的东西，就可以使用所携带的卡片。

不要认为这种零碎时间只能用来办些例行公事或不大重要的杂事。最优先的工作也可以用这零碎的时间来完成。如果照着"分阶段法"去做，把主要工作分为许多小的"立即可做的工作"，随时都可以做些费时不多却重要的工作。

因此，如果时间因为那些效率低的人的影响而浪费掉了，请记着：这还是自己的过失，不是别人的原因。

2. 如何有效利用交通时间

如果生活在大都市里，一定对每天上下班的交通问题颇有感触。通常人们每天早上要花1个小时在路上，而下班回家时又要花上1个小时。任何事情要在一生中占去这么多的时间，都应值得你特别注意。很明显，有两方面值得你认真考虑一下：

（1）你是否能缩短交通时间？

（2）你能否有效地利用这些时间？

让我们看看两个人的上班情形吧！

王先生每天开车去上班要35分钟。他的朋友张先生住在一个离上班地点只有15分钟路程的地方。王先生并不觉得其中的差异有什么特别意义——"只是多几里路而已，早已经习惯了"。但是让我们来算一算，单程相差20分钟，一天就相差40分钟，一个星期就是3个半小时，以一个星期工作40小时来计算，王先生"每年"要比张先生多花"4个星期的工作日"在路上。

另一方面，当我们选购房屋的时候，上班的交通时间当然不是考虑的最重要因素，不过也还是应该好好考虑。虽然只有5~10分钟路程的差别，但是长年累月地积聚下来，差别就大了。

对于如何有效地利用上下班的交通时间这一问题，要因人而异。对于有车一族来说，随手打开车上的收音机任意播放节目，这并不是利用这段时间的最好办法。听有助于提高外语水平的录音带，你可以采取一点儿别的更加有效的方法：在早晨业务汇报之前，把有关事项先想清楚；分析业务、私人问题或可能发生的事；在心里面为一天的工作先计划一番。或听新闻报道或音乐录音带，是利用这段时间的最好办法。对于无车一族来说，北京有很多白领女士利用上班路上塞车的时间进行化妆。当然还有很多人一上车就利用手机开始办公了。

重要的是，避免由惰性或习惯来决定如何利用上班交通的时间。在这段时间里，要有意识地决定把注意力集中在什么方面。你会惊异地发现，如果不浪费这段时间将会获得多么宝贵的益处。

3. 调整作息，一天变两天

无论是哪一国的总统、企业家，或是工人、乞丐，每个人的一天都只有24小时，这是上苍对人类最公平的地方。

虽然如此，但就是有人有本事把一天的24小时变成48小时来用。

我的朋友小李，他每天早上5点起床，先做早操，然后吃早点、看报纸，接着坐地铁去上班，车上并不是干坐，而是听外语录音带，有时也听专业讲座录音带。由于早出门，因此不会塞车，到达办公室大多是7点半，他又用7点半到9点这一段时间把报纸看完，并且复印一些好的资料做了剪报，之后准备一天上班所需要的资料。中午他固定在饭后小睡20分钟，下午继续工作。到了下班，他会避开乘车高峰，利用一个多小时看书，在7点左右才开始回家，因为车上人会少一些。在车上，他仍然听外语录音带或英语广播。吃过饭后，看一下晚报，和太太小孩聊一聊，便溜进书房看书、做笔记，一直到11点上床睡觉。

有一次，这位朋友就对我说，他和别人不一样，因为他的一天有48小时，也就是说，他一天当中所做的事是别人两天的量。

我这位朋友看起来有些"工作狂"的味道，但他的成就也非是和他同年的我所能比的，他不仅事业有成，信息丰富，工作能力更是我们望尘莫及。特别是他虽然未出国留学，但他的外语能力用他的外国老板的话说："闭上眼睛听，他就是一个土生土长的英国人。"

其实他也没什么法宝，他只是不让时间白白的流逝罢了。而要让时间流逝是很容易的，发呆，看电视，一个晚上很容易就打发了。如果天天如此，一年，两年，很容易就过去，你的成就和人一比，就明显有了差距。

因此你也有必要把一天变成48小时，让你的每一分每一秒发挥最大的效益。其实这样做并不难，把你的时间做个规划并且认真地去实践就行了。

在学校上课时都有功课表，其实这就是我们从小就学到的最基本的时间规划。你也可参考这种方式，把你一天当中什么时候要做什么事列成一张表，并且每天按表作息。一开始你会很不习惯，又因为没有人督促，所以你很有可能会"偷懒"，如果你偷懒，那么你就失败了。所以你必须坚持，再透不过气也不可松懈，过一段时间后，就会成为习惯，然后你的时间会开始"繁殖"，一天变成30小时、36小时、48小时，甚至更多。也就是说，你的时间效益提高了！

另外，由于你的生活作息是按表进行，你会发现因为时间效益的提高，时间就多出来了。如果有这种情形，你可把作息做个小调整，将多出来的零碎时间凑在一起，使之成为完整的"块状时间"，你可以利用这时间再做其他事。不过再怎么调整，总是会有一些无法控制的时间，例如，塞车、等人、等车，等等，像这种时间，有人用来阅读，有人用来背英文单词，有人用来听录音带（像我那位朋友），总之，虽然时间零碎，也不让它白白流逝。

据我了解，事业上有了不起成就的人，都很重视时间的利用，因此你若想在事业上有所成就，就必须在年轻的时候训练自己利用时间，追求时间的效益，把一天变成48小时——用来做事，也用来充实自己！

一天有48小时，也代表生命的延长，别人只能活80岁，你却活了160岁！因为你一辈子做的事是他们的两倍，或是更多。

4. 工作要善于抓重点

一天，一个专家为一群商学院学生讲课。他现场做的演示，给学生们留下了一生难以磨灭的印象。站在那些高智商高学历的学生前面，专家说："我们做个小测验"，然后拿出一个广口瓶放在他面前的桌上。随后，他取出一堆鸡蛋大小的石块，仔细地一块块放进玻璃瓶里。直到石块高出瓶口，再也放不下了，他问道："瓶子满了吗？"所有学生应道："满了。"时间管理专家反问："真的？"他伸手从桌下拿出一桶小石块，倒了一些进去，并敲击玻璃瓶壁使碎石填满下面石块的间隙。"现在瓶子满了吗？"他第二次问道。但这一次学生有些明白了。

"可能还没有"，一位学生应道。"很好！"专家说。他伸手从桌下拿出一桶沙子，开始慢慢倒进玻璃瓶。沙子填满了石块和碎石的所有间隙。他又一次问学生：

"瓶子满了吗？""没满！"学生们大声说。他再一次说："很好。"然后他拿一壶水倒进玻璃瓶直到水面与瓶口平。抬头看着学生，问道："这个例子说明什么？"

一个心急的学生举手发言："它告诉我们：无论我的时间表多么紧凑，如果你确实努力，你可以做更多的事！""不！"管理专家说："那不是我想讲的真正意思。这例子告诉我们：如果你不是先放大石块，那你就再也不能把它放进瓶子里。"

那么，什么是我们工作中的"大石块"呢？我们可以根据事情的重要程度将工作分为A、B、C三类，并制订工作优先顺序表。首先在纸上列下所有的工作，然后逐一评估各项工作，在最重要的工作前标上A，次重要的工作前标上B，最不重要的工作前标上C。其中A类工作最为重要，因此应先处理A类工作。当完成目标分类的工作后，再将A类中的工作依其重要性顺序排列，至于B、C类的工作则可以暂时搁置。

A、B、C三类工作的优先性也可能改变，今天的A类可能是昨天的B类，今天的C类亦可能是明天的B类。

我们可以这么做：

（1）分析自己要做的工作

对每项工作逐次提出三个问题：能不能取消这项工作？能不能与其他工作合并？能不能用简单的东西代替？然后，再把那些必须做的工作分成A、B、C三类。

A类：约占全部工作的20%~30%，具有本质上的重要性与时间上的迫切性，完成与否会产生影响全局的后果。

B类：约占工作总量的30%~40%，在重要性与迫切性上不如A类，无严重后果。

C类：约占工作总量的40%~50%，无关紧要也不迫切，后果微小。

一般地讲，处理A类工作应占全部工作时间的60%~80%。

（2）判断关键工作的方法

首先看有无"四性"，即有效性、关键性、重要性、迫切性。有效性是指是否具备促进、限制工作效果的因素，关键性是对全局的影响程度，重要性是对目标的贡献程度，迫切性是指时间上的刻不容缓。只有同时具备这四性，才能列入A类工作。

（3）确定A、B、C类工作的进行顺序

若A类工作中有多件，则有个顺序问题。决定工作顺序有以下的原则：首先，要摆脱领导意志、各部门的压力和事情先后顺序的干扰，客观地确定它们的重要性与迫切性。其次，是要摆脱昨天，而着重于今天。每做一件事时，都要问"这件事现在做还有价值吗？"。第三，要看重机会，而非看重困难，成果最大的工作，往往是最困难的。第四，对采取的方法，应求其有效性和创造性，而不能仅求其安全性和简易性。

（4）实行A、B、C时间管理法的步骤

首先是分类。每天早上抽点时间，把全天工作分为特殊工作和日常工作两类。特殊工作按上述原则分为A、B、C三类，并确定实施顺序，填入A、B、C工作分类表中。

其实是实施。全力以赴投入A类工作，直到完成或取得预期效果后，转入B类工作。C类工作不必去做，如有人催办，可列入B类。最后是检查。每隔一到两周检查一下自己工作的记录，发现问题，及时解决。

5. 降低干扰的6个措施

由于我们生活在一个复杂的社会群体之中，所以谁也无法完全排除干扰。其实应对大多数的干扰都是属于应该做的事情，例如，和顾客谈话、答复员工的问题、接听老板的电话——这些都是分内的工作。

尽管如此，仍然能够尽量减少干扰，如果要提高办事效率，就必须减少干扰。如果在1个小时内集中精力去办事，这比花2个小时而被打断10分钟或15分钟的效率还要高。当受到干扰之后，还得花时间重新启动你的思维机器，尤其当受到几个小时或几天的干扰之后，就更需要较长的时间来重新启动思维机器。

因此建议你采取适当的措施，尽可能降低干扰。

（1）分析一下打给你的电话，最好是在登记几天之后

你是不是常常接到必须要转给别人接的电话？或根本没有必要的电话？如果是，研究一下采取什么办法可以减少这些电话。

例如，总机可能没问清来电者的问题，而不清楚该把这电话转接给谁。公司电话簿印有让人误解的头衔，或各电话簿的排列次序使人弄不清楚哪个部门究竟做什么样的事情，或者电话簿已有很长时间没有更正了。这些似乎都是小事情，但是如果因此而经常发生打错电话的情形，那就应该把这些问题提出来加以解决了。

不过，造成不必要干扰的最基本原因，是缺少有效的沟通。如果没有把什么时候发布新价格表、休假表，或为什么要扣除薪水告诉大家，大家就会

打电话或亲自去问（干扰）某一个人。

（2）使用回电话的办法可以减少电话干扰

有些电话是相当重要的，可以让他们的电话随时接听。但是对于那些没有什么紧急事情的电话，只要记下对方姓名和电话号码，以便在方便的时候回电话就可以了。如果自己已经接了电话，可以当即回答说："我过半个小时再给你回电话。"这样又可以集中精力处理手头的事情而减少干扰了。然后可以集中在午饭前或快下班的时候回电话，这段时间对方一般不太愿意多谈，因此就可以更容易处理好电话问题了。

很多人喜欢自己煲电话粥，而且来者不拒，任何人都可以打电话找他们。如果这种做法很适合你办事的方式，那当然没有问题，但是如果是在公共办公室，千万不可这样。但是从节省时间来看，大多数人会发现使用回电话的办法的确可以节省时间。

（3）一开始就定下谈话的语气

我们可以用诚恳的语气接听电话，然后再问："有什么事情现在要我做吗？"一方面表示友善；另一方面也表明你正有事要办，闲话免谈。但如果太过于友善，比如，"听到你的声音真是太好了，近来怎么样？"诸如此类的话，你等于向对方发出了一种好像很空闲的信号，那么你们之间的谈话就可能会延长好几分钟。当然这个原则也可以用在别人亲自来拜访时。

（4）定出打电话和咨询的时间

如果让别人知道什么时间可以打电话找你，以及什么时间不希望有人打扰，这对你会大有帮助，别人也会谅解你的这种安排。如果事先解释说你希望在上午9点半以前和11点半以后，以及下午3点以前和4点半以后接见别人和接听电话，别人并不会觉得你冒犯了他；而且你在上午和下午会各有一段相当长的时间集中精力用于重要的工作上。当然也要说明，这只是一个原则，如果有紧急的事情，还是可以立刻告知你。

（5）试试家庭办公

如果你的工作特点和工作性质许可的话，可以考虑偶尔半天或全天在家里工作，这样打扰的可能会少一点儿。

（6）来自上司的干扰

如果打扰大部分来自于老板，不要认为自己应该尽量忍受，应该选择一个适当的时机（当然不是在他刚刚打扰你的时候），向他解释你希望能够更好地管理你的时间，请问他是否能每天安排一段对你们两个人都方便的时间，一起讨论一些事务，而其他时间就不要临时讨论了。你的老板很可能会很欣赏你这种讲求效率的想法，甚至把这个想法传达给每一个人，要每一个人，包括他自己，都好好考虑一下怎样把时间管理得更好。

6. 会休息的人才会工作

打睡眠的主意并不是要大家尽量少睡觉、多干活儿。有些人认为，人们把很多的时间花在休息上是多么不合算。这是非常错误的时间管理理念，正确的时间管理理念是会休息的人才会工作。我们的休息主要是以睡眠来体现的，下面我们一起来看看人们睡眠不足带来的损失。

美国康奈尔大学的詹姆斯·马斯博士研究发现，在美国50%的成年人（1亿多）患有不同程度的慢性睡眠不足，31%的司机在开车时至少睡过一次，每年有10万起交通事故和1500起致命事故，都是由于人们在驾驶时睡着了造成的。

据对睡眠不足，引发的工厂生产力下降所造成的损失统计，每年大约在1500亿美元左右，分摊在每一个人身上大约500美元。

美国睡眠协会指出，成年人每天的睡眠不应该少于8小时。每缺1小时就使睡眠负债1个小时。1个小时负债就可以减少25%的创造力，巨大的睡眠负债会降低50%的工作效率。因为在睡眠不足的情况下，人的认识思维、信息回忆、反应速度等都会慢很多。

睡眠负债会降低30%的免疫力，从而增加患病的概率。有些人会说这与时间管理没有什么联系，你不妨试着想想，如果一不小心患病了，要花多少时间去治疗呢？

通过补充睡眠来除去睡眠负债，能极大地提高我们的意识水平、工作效率、思维能力、情绪控制力和健康水平。据统计，在睡眠不足的情况下，成年人延长1小时的睡眠时间，就能提高25％创造力，有的还可以提高到50％。

我们举例来说明以上情况：

如果每天的必要睡眠时间是8小时，而我们现在的睡眠时间只有7小时。这时，每天多睡1小时就能提高25％的工作效率和创造力。每天我们的可用时间是16小时（24小时减去8小时睡眠时间），那么通过正常睡眠提高效率得到了额外的4小时（16小时×25％）。用1小时的休息时间换来了4小时的效率时间，何乐而不为！

尽管大多数人要保证每天8小时的睡眠，但也有一些例外的。根据美国达特茅斯医学院睡眠诊所主任彼得·哈瑞博士所说，大多数成年人每天平均睡眠时间在7~7.5小时，但是对很多人来说，6个小时或者5个小时的睡眠就已经足够了。超过你需要的睡眠只是白白耗掉时间而已，对健康不但无益而且可能有害。

怎么才能知道自己需要睡眠多少时间呢？方法很多，但就是不可以根据在某一个特定时间是多么难起床来做判定——你可能会发现多睡了或少睡了也是同样的不适。

哈瑞博士说："要找出你到底需要多少睡眠时间，你应该通过不同的睡眠长度来做实验，每一种情形试验一两个星期。如果你只睡5个小时，仍然觉得思维敏捷，工作有效率，那就用不着强迫自己躺在床上7个小时。如果你睡了8个小时，仍然觉得软弱无力，难以集中精神，那你可能就是那些需要睡眠10个小时的人之一。"

美国弗吉尼亚大学精神病学系睡眠实验室主任罗伯特·范卡索博士认为，人所需要的睡眠长度不同，似乎和新陈代谢、秉性以及从白天活动中所得到的乐趣有关。他说："做一些无聊而令人厌烦的工作，会使人需要更多的睡眠来摆脱每天冗长而乏味的例行工作。因此，我不会要求每一个人都订一个同样的睡眠时间表，但是不少人就是比平时少睡很多，仍然能够过得不错。"

还应该注意到的一点就是，一个人也会因所处情况不同而影响睡眠，在感到特别有压力或生病的时候，他会需要更多的睡眠。

7. 对无聊的电视节目说"拜拜"

据统计，在我国内地，4岁以上的电视观众达到11.15亿人（2002年9月统计），共拥有电视机4.48亿台，每人平均每天看电视的时间是174分钟，也就是说我们一生中有近10年时间是在看电视，这是一个多么令人震撼的数字。

许多年轻人，除了工作、睡觉，其他时间被看电视占去了大部分。有些时间管理专家强烈呼吁我们扔掉电视机，其实这没有必要。电视本身有什么错，电视之所以对我们造成时间管理上的混乱都是因为缺乏科学的时间管理。

如果把看电视的时间好好利用，那么每天平均能给自己省出多少时间呢？按照我们每天减少2/3的电视时间来计划，每天就能节省出2个多小时。也就是说，它能使生命延长好几年。

那么怎样消灭电视这个隐形杀手呢？

只看有趣的节目。其实，看电视很多的时间都花在寻找或等待好节目上。看新闻并不太浪费时间。就拿笔者来说，每天只花费30分钟看新闻。这并不算是浪费时间，因为这个时段也正是很多人吃晚饭的时间，可以一边吃饭一边看电视。

从其他渠道了解新闻。有很多人也想只看新闻，结果还是摆脱不了电视的诱惑看起电视剧来。如果我们没有控制力，就摆脱不了电视的诱惑。不如花几元钱买一台收音机，收听每天的新闻。在"非典"的特殊时间，我天天在家里看电视，每天一个电视剧接一个电视剧地看。到了疫情得到控制，正常上班的时候，我还是一天到晚地迷恋电视，不能好好地工作。于是，我把电视机收藏起来，特意买了一个收音机，在每天早晨上班路上听《早间新闻》。

与朋友、家人一起分享电视。和朋友、家人一起观赏喜爱的节目是一件非常开心的事情，我们可以纯粹地把它当作一种工作之余的放松。这样做，既联络了感情，又获得了休息，何乐而不为！

预录电视节目或是运动比赛。大多数的家庭拥有录像机，很多家庭可能都闲置不用或淘汰了。其实不妨重新利用起来，将自己喜爱的节目录下来，等空闲时间再看，还能省去1/4的广告时间。

参考电视节目表。有了电视节目表，当电视上没有自己想看的节目时，就不会拿着遥控器漫无目的地换电视频道。看电视不妨只看别人都说好的电视节目。

买或租VCD、DVD。这样，可以节省到电影院的时间与金钱。好的或非看不可的电视剧，我们可以直接把VCD或DVD买回家看。这样可以节约不少时间。首先，可以在空闲的任意时间看，更不用花时间看广告。可以算一笔账，以我的时间价值计算，看两集电视剧广告的时间就可以写出1000字的稿子，足可以买下整个电视剧的VCD，如果租就更划算了。

将电视放在较不易观赏（将门关上），或是特殊的地方（如书房），就不会常常想看电视了。

看电视时可以兼做其他事情。在看电视时可以边看电视边做些其他事情。

利用广告时间做其他事情。在广告时间可以洗澡、洗碗、打扫卫生、准备明天的书包、打电话等。

关掉电视。对于那些"肥皂剧"，要果断地对它说"拜拜"。

第五章 熬过挫折，才能品尝胜利的甘果

一般人在第一次失败后就放弃了，这也就是有那么多的"一般人"而只有一个爱迪生的原因。

——拿破仑·希尔

苦难对于一个天才是一块垫脚石，对于能干的人是一笔财富，而对于庸人却是一个万丈深渊。

——巴尔扎克

人生之光荣，不在于永不失败，而在于屡仆屡起。

——拿破仑

元世祖忽必烈在被敌人紧紧追赶，不得不躲进了一间废弃破败的庙宇，就在他为自己的处境而绝望时，他看见一只蚂蚁吃力地背负着一粒玉米向前爬行。蚂蚁重复了很多次，每一次都是在一个凸出的地方连着玉米一起摔下来。它总是翻不过这个坎。

一个时辰后，蚂蚁终于成功地越过了障碍。而此时，搜寻追杀元世祖的敌兵也已远去。

它终于成功了！这只蚂蚁的所作所为极大地鼓舞了这位处于彷徨中的忽必烈，使他开始对未来的胜利充满希望。

挫折就像一条河，不怕河中的滔天巨浪，不怕在渡河中淹死，才可能游

到成功的彼岸。人们赞美游到彼岸的英雄，却容易忘记在挫折的大河中泅渡的必要。

就英雄本色而论，许多杰出的人物，许多名垂青史的成功者，他们人生的成败，并不是得益于旗开得胜的顺畅，马到成功的得意，反而是无数的挫折造就了他们。这就正如孟老夫子所说的"天将降大任于斯人也，必先苦其心志，劳其筋骨，饿其体肤，空乏其身，行拂乱其所为，所以动心忍性，曾（增）益其所不能。"

孟子说的这一串话，重点就是：一个人要有所成，有所大成，就必须忍受挫折的折磨，在挫折中锻炼自己，丰富自己，完善自己，使自己更强大，更稳健。这样，才可以水到渠成地走向成功。像苏秦搞六国合纵就是这样，像韩信找出路也是这样，像刘邦打天下，像刘备找安身立业的地方都是这样。为了提炼稀有金属镭，居里夫人几乎耗尽了大半生的精力，而且这又使几代科学家的构想成真。这样的例子太多了。

黎明的到来，少不了以黑暗打头阵。品尝胜利甘果的人，又怎能不经挫折一关。现在开始，请不要在黑夜里迷惘与哭泣，请咬紧牙关，熬过黎明前的黑暗。

没有人能随随便便成功

"不经历风雨，怎么见彩虹，没有人能随随便便成功。"一首由周华健、成龙等人演唱的《真心英雄》，可谓唱出了强者的心声。它的每句歌词上都写着追求路上的坚强与执着。

灿烂星空，谁是真的英雄？

在贫困的泥潭中，弱者在沉沦，而强者在崛起，崛起一座坚强的丰碑，崛起自己的未来大厦。强者有梦，强者敢于追梦。在追梦的强者眼里，苦难是冲刺未来的利剑，贫困是开启财富的钥匙。把艰难困苦看成路边美景，继续微笑着走过，把泪水伤痕酿就一杯美酒，侃侃而谈中一饮而下。这就是强者本色，真正英雄。

1. 把挫折看作成功的转折点

拿破仑·希尔在他的成功学著作中一再强调，人们应在挫败中找寻等值利益的种子。他指出："挫折和痛苦是上帝和每一种生物沟通并指出我们错误所使用的语言。动物在听到上帝的这些话时，可能会变得胆怯，致使它们逃避有可能的威胁。但你在听到上帝的这些话时，应该变得更为谦虚，以期学到智慧和体谅。你应了解你开始迈向成功的转折点，通常是由挫折所决定的。"

有了这种认识之后，就不必再将挫折看成是失败，而应把它看成是一个暂时性但却可能会带来好运的事件。

马伦在他的一篇名为《机会》的诗中写道：

当我一度敲门而发现你不在家时，
他们都说我没希望了，但是他们错了；
因为我每天都站在你家门口，
叫你起床并且争取我希望得到的。
我哭不是因为失去了宝贵的机会；
我流泪不是因为精华岁月已成云烟；
每天晚上我都烧毁当天的记录；
当太阳升起时又再度充满了精神。
像个小孩似的嘲笑已顺利完成的光彩，

对消失的欢乐不闻不问；

我的思考力不再让逝去的岁月重回眼前；

但却尽情地迎向未来。

如果你发现在每一次挫折中都有重新获得利益的种子时，你就会接受马伦对挫折的观点。记住，"当太阳下山时，每个灵魂都会再度诞生。"而再度诞生就是你把挫折抛诸脑后的机会。

拿破仑·希尔年轻的时候，曾经在芝加哥创办一份教导人们成功的杂志，当时他没有足够的资本创办这份杂志，所以他就和印刷工厂建立了合伙关系。虽然他必须花很多的时间在工作上，但是他很快乐。

然而，拿破仑·希尔却没有注意到他的成功对其他出版商造成了威胁，而且在他不知道的情况下，一家出版商买走了他的合伙人的股份，并接收了这份杂志。当时，拿破仑·希尔极为失落与愤怒地离开了他那份以爱为出发点的工作。

事后，拿破仑·希尔冷静地分析自己之所以遭此一劫的原因，他认为最大的原因在于他忽略了以和谐的精神与他的合伙人合作——他常因为一些出版方面的小事与合伙人争吵。他说话办事都过于自负，应该对后果负起责任。

拿破仑·希尔从这次的挫败中，找到重新获得利益的种子。他离开芝加哥前往纽约，在那里他又创办了一份杂志。为了达到完全控制业务的目的，他必须激励其他只出资、但没有实权的合伙人共同努力。他同样必须谨慎地拟定他的营业计划，因为他只能依赖自己的资源了。

就在不到一年的时间里，那份杂志的发行量，就比以往那份杂志多了两倍多。其中一项获利来源，是拿破仑·希尔所想出来的一系列函授课程，而这一系列的函授课程，就成了他个人成功学的第一批编撰资料。

当拿破仑·希尔被踢离在芝加哥的事业时，曾经一度处于彷徨状态。他原本可以从此放弃创办杂志并接受他太太的主意，安稳地从事律师工作。但是，他在挫折中找到了等值利益的种子，并且他精心培育这粒种子，终于走出困境与尴尬，写出了自己人生的美丽篇章。

2. 在挫折中发掘成功的经验

能称得上事业的事，要想一步做到的概率近似乎零。爱迪生在历经1万多次失败之后才发明了灯泡，而沙克也是在试用了无数介质之后才培养出了小儿麻痹疫苗。

费尔兹和一家独立商店，成立了费尔兹太太糕饼连锁店，并希望像肯德基、麦当劳一样能很迅速地推行到世界各地。由于业务扩张得太快，致使公司的财务受到拖累，费尔兹发现她自己欠了一大笔债。她想要拥有并且经营所有连锁店的愿望已经不太切实。怎么办呢？处于困境中的费尔兹绞尽脑汁，想出一个新招：授权给加盟店负责经营，自己不再亲自参与，只收取一定的加盟费用。此一政策的改变，使她的公司再度获利，并且逐渐成长。

因此，应该把挫折只当作是发现新思想的特质，以及你的思想和明确目标之间关系的一次测试机会。如果你真能了解这句话，它就能调整你对逆境的反应，并且能使你继续为目标努力，挫折绝对不等于失败——除非你自己这么认为。

爱默生说过："我们的力量来自我们的软弱，直到我们被戳、被刺，甚至被伤害到疼痛的程度时，才会唤醒那种包藏着神秘力量的愤怒。伟大的人物总是愿意被当成小人物看待，当坐在占有优势的椅子中时会昏昏睡去，但当他被摇醒、被折磨、被击败时，便有机会可以学习一些东西了。此时他必须运用自己的智慧，发挥自己的刚毅精神，学会了解事实真相，从自己的无知中学习经验，治疗好自负精神病。最后，要会调整自己并且学到真正的技巧。"

然而，挫折并不能保证你因此会得到完全绽开的成功花朵，它只提供成功的种子，你必须找出这颗种子，并且以明确的目标给它养分并栽培它，否则它不可能开花结果。造物主不会正眼去看那些企图不劳而获的人。

有时，还真应该感谢人生中的大小挫折，因为它们，又如何让自己痛定思痛、脱颖而出？

一位名人是这样去界定智者和愚者的："生命中最重要的事，不是用你所赚得的钱去投资。任何愚笨的人都做得到。真正重要的，是如何从你的损失中获利。这是需要智慧的，而这也正是智者和愚者的分别。"

要有一颗好学与反省之心，思考一下出现挫折的原因是什么，自己需要做哪些方面的改善与努力。只有这样，你才能扭转局势。因此，在你面临困境的时候，不妨问自己几个问题：

（1）问题的原因是什么——是环境、别人、还是自己？

除非你尽一切可能找出问题所在，否则你就无法得知该怎么做。事情是从哪里出错的？是否一开始就处于毫无胜算的情况？是否是别人造成的问题？自己是否犯了错误？贝克·魏勒斯在检讨他在喜马拉雅山的经历时，他的结论是自己犯了错误，才导致了失败。他说："当你攀登到那个高度的时候，你的愚蠢度也是很高的。"要从错误中学习，就得从找出问题的所在着手。

（2）所发生的事，确实是一个失败，或只是没有达成目标？

你必须评估所发生的事是否确实是一个失败，或者你认为这是一个错误，实际上，它可能只是无法达到一个不切实际的理想。不论你是归罪于自己或他人，如果目标不切实际，那么达不到并不能算是个失败。

（3）挫折中含有多少契机？

有一句老话说："玉不琢不成器"，人不经试验也成不了大器。不论你经历什么样的挫折，当中定有成功的契机。有时候那契机并非显而易见，但是只要你愿意去找就会发现。

华伦·魏斯比如此说："一个脚踏实地的人，是一位经过历练之后去芜存精的理想主义者；而一个愤世嫉俗的人，则是一位经过历练之后却被烧伤的理想主义者。"别让逆境之火把你变成一个愤世嫉俗的人；反之，让它将你去芜存精吧！

（4）我能从当中学到什么？

一个小孩在海滩上堆沙堡，当他退后几步欣赏自己的杰作时，一阵大浪打过来，把沙堡冲散了。他望着那堆曾是他的杰作的小沙丘，说道："这当中一定可以学到教训，只是我不知道那是什么。"

这就是一般人面对困难的态度，因为他们被事情困得那么严重，整个人因迷惘而错失了学习的机会。但是，我们确实有办法能够从错误和挫折中学习。诗人拜伦说得好："逆境是通向真理的第一条路。"

餐饮业大师俄夫根·巴克说："我从经营不善的一间餐馆所学到的，远甚于从所有成功的餐馆所学到的。"成功对此并非陌生。他在加州拥有5家非常出名的餐馆，并且在芝加哥、拉斯维加斯和东京都有餐馆。

因为每个状况都不一样，因此对于如何从挫折中学习，很难整理出一般性的原则。但是如果你在经历事情时能保持一颗学习的心，努力学习任何能帮助你采取不同做法的事，你就能够改进自己。一个人如果心态正确，那么任何一个障碍都能让你更清醒地认识自己。

（5）对这经历，我是否心存感激？

美国的短跑名将爱迪·哈特，在1972年慕尼黑奥运会错过了100米短跑的预赛，结果丧失了赢得一枚个人金牌的机会。但是他对这个经验的看法是很正面的，他说："我们所追求的事，不见得每一样都能够获得成功，这大概就是我错过那场预赛所学到的最重要的教训。在我们生命当中，我们会经历到许多失望，也许是没有被升迁，也许是没有得到所想要的工作，但是我们必须学会承受这些打击。运动是很有价值的，因为它不是输就是赢。在你成为一个优秀的得胜者之前你必须学会输得起。"哈特很高兴能赢得接力赛的一面金牌，也为学到能接受打击而感恩。如果你面临了失败，请试着培养像这样感恩的心。

（6）我如何化失败为成功？

作家威廉·马士腾如此写道："生命中如果有哪个因素是能导致成功的，那就是从被击倒中得到益处。就我所知的每个成功，都是因当事者能够分析被打倒的原因，而在下次再试时从中得到助益。"

从一个事件中找出错的原因是很有价值的。如果能更进一步地从错误中学习而改进，那就是转败为胜的关键。有时候我们从错误中学到不犯相同的错误，而有时候也会有意外的发现，譬如爱迪生的留声机，或是史诺宾的无烟炸药一样。只要你愿意去试，一定都能从很糟的情况中找出有价值的东西。

（7）谁能在这事上帮助我？

有人说，我们能从两个途径来学习，一是经验，亦即从自己的错误中学得的；二是智慧，亦即从别人的错误中学得的。我想我们还是尽可能地从别人的错误中学习比较好。

如果有人在旁协助我们，那么从自己的错误中学习就比较容易。每次出了大漏洞之后，向许多人求教是必要的。

找对人求教是很重要的。有一个故事，是讲一位官员走马上任的时候，在自己新的办公室里整理布置时，他在办公桌前坐下来，发现前任官员留给他三封信，并附上说明，在承受压力的时候才能打开这些信。

不久，这个人和新闻界发生了问题，于是他打开第一封信。上面写着：怪罪到你的前任官员头上。于是他照做了，风平浪静了一段时间。几个月之后，他又有了麻烦，于是他打开第二封信。上面写着：改组。于是他照做了。之后又平静了一些日子。但是因为他从来没有真正解决造成问题的根源，于是问题又来了。而且这次问题更大。在极度焦虑之下，他打开了第三封信。信上面写着：准备三封信。

我们是应当向人求教，但是求教的对象，必须是已经成功地处理过自身失败的人。

（8）下一步该做什么？

深思熟虑之后，就应该考虑下一步该做什么。唐·舒拉和肯·布兰查德在他们所写的《人人都是教练》一书中说："学习的定义就是行为的改变。如果没有采取实际行动，那么你就是没有真正地学习到。"

3. 潜能在遭遇挫折时更容易被激发

法国的军事家拿破仑·波拿巴在谈到他的大将马塞纳时说："平时他真实而深刻的一面是显示不出来的，只有当他在战场上见到满地的伤兵和遍地的尸体时，他内在的"狮性"就会突然发作起来，打起仗来也就勇不可当。"

人类有几种本性是不会轻易显露出来的，除非是遭遇了巨大的打击或承受着强烈的刺激。这种神秘的力量总是深藏在人的内心最深处，只有当人们受到了讥讽、凌辱、欺侮或是遭遇困境之时，才会激发出来，做出前所不能的事情来。

　　艰难的情形，绝望的境况，贫困的状态，在历史上曾经造就了许多伟人。如果拿破仑·波拿巴在年轻时没有遇到什么窘迫或绝望，那么，他就绝对不可能这么足智多谋、镇定自若和刚强勇敢，他也就不会成为法兰西第一帝国的皇帝。巨大的困难和形形色色的危机，往往产生出许多伟人。

　　一个成功的商人曾经对拿破仑·希尔说，在他一生中所获得的每一个成功，其实都是与艰难困苦做斗争的结果。所以，他现在对那些不费气力得来的成功，反倒觉得有点靠不住了。他觉得，排除种种障碍从奋斗中获得成功，才可以给人以喜悦。这个商人喜欢做一些难以达到的事情，这样可以检验他的力量，考察他的能力；他反而不喜欢从事那些很轻易就能办好的事情，因为不费力气的事情，不能给予他振奋的精神，发挥才能的机会。

　　处在困境之中的奋斗，最能使人发挥出潜在的力量；没有这种坚持不懈地奋斗，便永远不可能发现自己真正的力量。如果林肯是出生在一个庄园主的家里，进过大学，他也许永远不能成为美国的总统，也永远不可能成为历史上的伟人。因为一个人如果总是处在舒适安逸的生活中，便不需要自己做出很多的努力，不需要自己付出艰苦的奋斗。林肯之所以这般伟大，是与他不断地与逆境做斗争分不开的。

　　在我们周围，不知道有多少人把自己所取得的成就归功于自己所遇到的艰难和困苦。如果没有各种各样的阻碍与失败的刺激，他们也许只会发掘出自己才能的一半，甚至还不到；但一旦遇到这针刺般强烈的刺激，他们就会把他们的全部才能给激发出来。当面对巨大的压力时，突如其来的变故和重大的责任压在一个人身上时，隐藏在他生命最深处的种种能力，就会如泉水般涌现出来，帮助他们做出无坚不摧的大事来。历史上有过无数这样的例子：为了要弥补自己身体上的缺陷，许多人因此养成了不少可贵的品格，造就了惊天动地的伟大业绩。一些普普通通的人，往往能够在学业和事业上不懈地努力，最终做出意想不到的事业来，就像从法国科西嘉岛出来的小个子——拿破仑一世。

特殊缺陷与困难的刺激，并不是人人都有的，所以世界上真正能发现"自己"，并且能够把自己的全部能量最高最好地发挥出来的人并不多见。有许多人，他们连做梦也没有想到在自己的身体里面还蕴藏着巨大的能量，有许多人甚至到死都没有发现过它。

4.学会面对挫折，才会迈向成功

挫折只是暂时的耽误，或者说是暂时走了弯路。如果我们每一个人都能从挫折中吸取教训的话，那么这挫折就有其价值，挫折对于聪明的人来说，是一种更明智的开始。因为挫折会告诉他们：该如何获得成功。

世界上，就是因为有挫折存在，所以每个人才更加顽强地拼搏着、生活着。每个人都在追求成功，而所谓的成功，就是战胜自己、超越自己、自我提升的一个过程。这个过程的实质是个人潜能的挖掘。如果一个人不怕失败，总是处于奋斗状态之中，那么他的成功将无可估量。

懂得面对挫折的人，才会迈向成功。

1958年，有一个叫富兰克·卡纳利的人，在自家的杂货店对面开了一个比萨饼屋，为的是能够通过经营这个比萨饼屋，筹措到他上大学的学费。连他自己也想不到的是，19年后，他的比萨饼屋已经在各国开到了3100家，成了一个跨国连锁企业，总值达到3亿多美元。这3100家连锁店就是赫赫有名的"必胜客"。

若干年后，卡纳利在回顾他的连锁店是如何发展起来的时候说："你必须学习如何面对挫折，"他说，"我做过的行业不下50种，这中间只有15

种做得还算不错，表示我有30%的成功率。"对此，卡纳利认为，你必须出击，尤其是在挫折之后更要出击。你根本不能确定你什么时候会成功，所以你必须先学会如何面对挫折。

学会如何面对挫折，指的是从挫折中总结经验与教训，用以指导自己的下一步行动。卡纳利在俄克拉马（地名）的分店经营失败后，他发现自己之所以遭遇挫折，是因为分店的地点与店面的装潢导致的。于是，他知道了经营比萨饼店时选择分店的地点与店面装潢的重要性。在纽约的销售失利后，他改进比萨饼的硬度，做出了适合当地人的另一种硬度的比萨饼。当地方风味的比萨饼在市场上出现，对他的经营形成冲击的时候，他另辟蹊径，向大众介绍并推出了芝加哥风味的比萨饼。

就是这样，卡纳利经过无数次的坎坷，在把失败的教训转化成成功经验的基础上，才使"必胜客"成了人们每每谈论成功经典时的话题。

5. 不要错失良机

"失之桑榆，收之东隅"——这句话可以用来安慰失意者，促使其再度奋起所使用的话语。当机会到来时，不知道是否该前进，而感到迷惘的人，也要鼓励他们不要犹豫，迅速行动的话语。

一直沉湎在失意的苦果中，无法再度奋起的人，当然不可能获得成功。

成功者与失败者之间的距离，不是因为实力有别。在任何人看来，有实力获胜的人，是那些不计较失败得失，从中获取教训，并善于把握住逆转时机重新奋起的人。

有的人并无特殊才能，但是为什么能拔得头筹呢？

为何会有这样大的差距呢？这就在于掌握时机的技巧。

逆转的时机就好像电光石火一样，因此，想要掌握时机，就必须倾注全部注意力。如果投入努力很大但却徒劳无功时，不要感到焦躁，要能耐心地等待下一次时机的到来。

机会绝对不是偶然到来的，只要你相信会有到来的时候，耐心等待，仔细留意，机会就会降临到你的身上。

某位电影导演在讲拍戏的甘苦时，其中讲到天气的问题。

"要拍摄晴空万里的画面，看似简单其实很辛苦。因为晴空万里的机会非常少。好不容易遇到晴空万里的时候，工作人员开始准备时，不知不觉地云又布满了天空。将准备就绪的摄影机对准天空，然而云却一直无法消散。结果，只好作罢。不过，在休息时，云却又完全消失了，令人感到非常失望。因此，拍摄时最需要的就是和天气比耐力。"

这位导演所说的晴空万里，指的就是"机会"。不知道它何时会探出头来，但是相信一定会出现——能够保持着很大的信心，持续忍耐，时机就会到来。如果在中途放弃，而打算收工时机会即在刹那间溜走了。

环顾四周，注意力稍微不足时，就不会察觉到机会已经来到。当天空布满了云，在短时间无法消失时，如果你焦躁得无法再等待下去，就会枉费以前所有的努力。

要巧妙掌握闪烁的时机之光，绝对不属于概率较低的赌博。如果有充分的观察力、注意力、忍耐力以及行动力，就能够有准确的命中率。

当然，这时还是需要保持冷静，为了避免错失时机，一定要能客观地把握事物的本质，不要因为焦躁与动摇而遮蔽了视线，要透视正确的判断。

锲而不舍，金石可镂

在马拉松长跑中，最初参加竞赛的人可谓是成千上万。但是跑出一段路程之后，参赛的人便渐渐少起来。原因是坚持不下去的人，逐步自我淘汰了，而且越到后面人越少，全程都跑完能够冲刺的人更少，奖牌实际上就是在这些坚持到最后的人当中产生。

马拉松竞赛，与其说是比速度，不如说是拼耐力，也就是看谁能坚持到最后。

我们做任何事情都和赛跑一样，成与败往往只是几步之差，因而只要在最后起决定性作用的几秒钟内，爆发出巨大的潜能，我们就会获得成功，最后的努力才是决定命运的努力。

"锲而不舍，金石可镂，锲而舍之，朽木难雕"。水滴尚且能穿石，我们若能以恒心与毅力去做一件事，又有什么不能够做到的呢？

1. 再跨前一步就会豁然开朗

许多人做事之初都能保持较佳的精神状态，在这个阶段，平庸之辈与杰出人才对事情的态度几乎没有差别。然而往往到最后一刻，杰出人士与平庸之辈便各自显现出来了，前者咬牙坚持到胜利，后者则丧失信心，放弃了努力，于是便有了不同的结局。

许多平庸者的悲剧，就在于被前进道路上的迷雾遮住了眼睛，他们不懂得忍耐一下，不懂得再跨前一步就会豁然开朗。一个人想干成任何大事，都必须坚持下去，只有坚持下去才能取得成功。

平庸者之所以在干事时会浅尝辄止、半途而废，主要原因是人天生就有一种难以摆脱的惰性。当他在前进的道路上遇到障碍和挫折时，便会很自然地畏缩不前了。这就跟人们走路的习惯一样，人们总是喜欢走不费力气的路，这就是人人都喜欢走下坡路而不愿意走上坡路的原因，也是人们常常见了困难绕着走的深层原因。

在可口可乐公司创立不久，阿萨·坎德勒也遭受到了来自四面八方的攻击。

有一个医生说，他的病人由于喝可口可乐死亡，他要求议会禁止可口可乐的生产和销售。还有许多人认为，可口可乐是一种兴奋剂，含有可卡因、咖啡因、麻醉剂等对人体有害的物质。于是，一位联邦官员下令查封了可口可乐公司的一批货，并坚持要求将可口可乐中的咖啡因、可卡因去掉。这位联邦官员还不依不饶地将阿萨的可口可乐公司告上了法庭，以期使这家全美国最大的饮料公司屈服。

但是阿萨·坎德勒一向不肯认输，他请自己的弟弟担任辩护律师，与政府展开了长达7年的官司大战。一审结果，可口可乐虽然获胜，然而直到1918年，政府与可口可乐公司才在庭外和解。

"毅力"这两个字可能不具任何英雄式的含义，但此特质对于个人性格的关系，正如酒精对于酒的关系一样。

亨利·福特白手起家，开始起步时，除了毅力之外，什么也没有，后来却缔造了大规模的工业王国。爱迪生只受过不到三个月的学校教育，却成为世界顶尖的发明家，并且靠毅力发明了留声机、电影机以及灯泡，更别提其他50多样有用的发明了。

在以上两位伟人身上，除了毅力之外，找不到任何特质可以与其惊人的成就沾得上边，这可是经过千真万确的了解之后才下的结论。

没有毅力，你将被打败，甚至在还未开始前，就已经被打败。

有毅力的人，似乎总能够享有免于失败的保证。他们无论受挫多少次，总能东山再起，继而达到巅峰。

那些经得起考验的人，会因其意志的坚定而获得巨大的成功。他们可以得到任何他们所追求的目标作为补偿。他们同时也更深刻地懂得："有所失，必有所得"这一辩证的道理。

10世纪英国福音传播者怀特菲尔德在他追求事业成功的过程中，经历了许多舆论的谴责和世俗的刁难，甚至有人威胁要杀掉他。他的敌对者把他逐出教会，关闭他的教堂，甚至逼迫他离开所住的城镇。但他始终不渝地在沿途传道。敌对者雇用一些人去嘲弄他，向他扔烂泥、臭鸡蛋、烂番茄和一些动物的死尸，并且不止一次地向他扔石头，把他砸得头破血流……而且许多上层社会的人都对他大加鞭挞和嘲讽，但是，所有的这一切均未能阻止怀特菲尔德继续他的传道事业。因为，他深信他的事业是有益于大众的。最后，他终于取得了成功。

生活中，任何人在向理想目标前进的过程中，都难免会遭遇到各种阻力和重重困难，在这种情况下，我们要学会坚持，这样我们才会享受到成功后的欢乐。

我们要学会"持之以恒"，在做某些事情时，不要朝秦暮楚，不要被面前的困苦所吓倒，不半途而废，不浅尝辄止，不功亏一篑。持之以恒是一种毅力，是我们最应该具有的一种精神。

宋朝诗人杨万里有诗曰："莫言下岭便无难，赚得行人错喜欢。正入万山圈子里，一山放出一山拦。"人在奋斗的过程中，由于各方面条件的限制，必然困难重重，也会存在种种干扰。这些困难干扰就像一座座山阻碍在我们前进的道路上，但是我们不应被吓倒，只有坚持到底才是最后的胜利。只要拿出顽强的毅力，持之以恒，坚持到底，事业的成功必将成为一种必然。当年宋庆龄在称赞张学良将军时曾说："有超乎常人的毅力，必有超乎常人的抱负。"

要做生活的强者，首先要做精神上的强者，做一个坚韧不拔、威武不屈的人。世间不存在人无法克服的艰难和困苦。在你面临绝境无法摆脱时，在你气喘吁吁甚至精疲力竭时，你只要再坚持一下，奋力拼搏一下，你就会战胜困难，同时也磨炼了自己的毅力。

有许多伟人也会出现这样的错误，在他们即将抵达成功时，他们却因失败而放弃了。德国科学家席勒在研究X射线即将看到曙光时，失去信心，罢手却步，遂将成功的喜悦奉送给了伦琴。

歌德曾这样描述坚持的意义："不苟且地坚持下去，严厉地驱策自己继续下去，就是我们之中最微小的人这样去做，也很少不会达到目标。因为坚持的无声力量会随着时间而增长，而没有人能抗拒的程度。"

2. 坚持下去，好运终会发生

我们每个人在向梦想前进时，都是非常艰难的，但在面对挫折与困境时，我们只有坚持下去，才能有所突破。

罗纳德·里根，被认为是美国历史上最伟大的总统之一，他年轻时的一段经历让他终生难忘，也教会了他如何面对挫折。

"最好的总会到来。"每当他失意时，他母亲就这样说，"如果你坚持下去，总有一天你会交上好运。并且你会认识到，要是没有从前的失望，好运是不会发生的。"

母亲是对的，1932年从大学毕业后里根发现了这点。他当时决定试试在电台找份工作，然后再设法去做一名体育播音员。于是，他搭便车去了芝加哥，敲开了所有电台的门，但都失败了。在一个播音室里，一位很和气的女士告诉他，大电台是不会冒险雇用一名毫无经验的新手的。"再去试试，找家小电台，那里可能会有机会。"她说。里根又搭便车回到了伊利诺依州的迪克逊。虽然迪克逊没有电台，但他父亲说，蒙哥马利·沃德开了一家商店，需要一名当地的运动员去经营它的体育专柜。由于里根少年时在迪克逊中学打过橄榄球，于是他提出了申请，那工作听起来正合适，但他没能如愿。

里根感到十分失望和沮丧。"最好的总会到来。"他母亲提醒他说。父亲借车给他，于是他驾车行驶了70英里来到了特莱城。他试了试爱荷华州达文波特的WOC电台。节目部主任是位很不错的人，叫彼特·麦克阿瑟；他告诉里根说他们已经雇用了一名播音员。当里根离开这个办公室时，受挫的心情一下发作了。里根大声地喊道："要是不能在电台工作，又怎么能当上一名体育播音员呢？"说话的时候，他正在那里等电梯，突然听到了麦克阿瑟的叫声："你刚才说体育什么来着？你懂橄榄球吗？"接着他让里根站在一架麦克风前，叫他凭想象播一场比赛。里根脑中马上回忆起去年秋天时，他所在的那个队在最后20秒时以一个65米的猛冲击败了对方。在那场比赛中，他打了15分钟。他便试着解说那场比赛。然后，麦克阿瑟告诉他，他将选播星期六的一场比赛。

里根在回家的路上，就像自那以后的许多次一样，他想到了母亲的话："如果你坚持下去，总有一天你会交上好运。并且你会认识到，要是没有从前的失望，好运是不会发生的。"

3. 胜利不过是坚持到底

有一本书里写过这么一句话："这个世界几乎不合所有人的梦想，只是有些人学会遗忘，有些人却坚持"，放任自流是世上最容易的事，坚持到底是世上最难的事。

20世纪50年代，有一位女游泳选手，她想要成为世界上第一位横渡英吉利海峡的人。为了达成心愿，她不断地练习，不断地为这历史性的一刻做准备。

这一天终于来了。

女选手充满自信地昂首阔步，然后在众多媒体记者的注视下，满怀信心地跃入大海中，朝向岸英国的方向前进。

旅程刚开始时，天气非常好，女选手很愉快地向目标挺进。

但是随着越来越接近英国对岸，海上起了浓雾，而且越来越浓，几乎已到了伸手不见五指的程度。

女选手处在茫茫大海中，完全失去了方向感，她不晓得到底还有多远才能上岸。

她越游越心虚，越来越筋疲力尽。最后她终于宣布放弃了。

当救生艇将她救起时，她才发现只要再游100多米就到岸了。

众人都为她惋惜，距离成功就那么近了。

她对着众多的媒体大发娇嗔："不是我为自己找借口，如果我知道距离目标只剩100多米，我一定可以坚持到底，完成目标的。"

是的，也许她再坚持一点点就取得成功了，但就是差这么一步，成功和失败就有了区别。人们经常会停滞在离成功还有一点点距离的地方，但是那个地方依然叫作失败。

一切成功的起点都是欲望，但在将欲望变为成功的过程中，坚韧的意志是人最重要的个性特点之一。大凡成功者，都能够冷静地面对事业进展过程中每一个关键时刻而已。正是因为这一点，他们才能在困难的形势下，稳健地追求着自己的梦想。

而有些人却缺乏这样的个性，他们总是欲望强烈，而意志脆弱。所以，遇到不利于自己的局势，就会听任脆弱的意志摆弄，直到他所追求的目标成为记忆中一个遥远的影子。

不过，人性中这种弱点是可以弥补的，例如，强烈的欲望就可以补救意志的脆弱。如果发现自己的意志正在遭受困难的挑战，你不妨有意识燃起欲望的火焰以激励自己的意志。

坚忍的意志属于人性中后天的成分，是可以培养的，包括以下四个步骤。

第一，在确定志向的基础上，不停地给欲望火上浇油；

第二，制订一份切实的计划，使自己追求成功的行动永不停止；

第三，关闭心扉，不受外界一切消极因素的影响，包括至爱亲朋的干扰；

第四，与鼓励你和相信你的人结成坚强的事业同盟。

如果你这样做，你就会发现，自己的身上将产生一种连你自己都感到奇怪的神秘力量，它既可以使你振奋起来，又能使困难低头。

冠军永远都是那些百折不挠、被打倒了还会再爬起来的人。一次、两次不成，就再试几次。能不能成功，全看你能否坚持到底。多数人没有达到目标，原因就在于不能坚持。百折不挠的毅力，才是成功人生的必备条件。

世界上已经寻获的钻石当中最大、最纯的一颗名为"自由者"的钻石，就是由一位名叫索拉诺的委内瑞拉人在挑选了999999颗普通石头的最后一次弯腰拾起的"鹅卵石"加工而成的。

4. 成功也许只有一"次"之遥

有这样一则寓言：

两只青蛙在觅食中，不小心掉进了路边一只牛奶罐里。牛奶罐里还有为数不多的牛奶，但足以让青蛙们体验到什么叫灭顶之灾。

一只青蛙想：完了，完了，全完了，这么高的一只牛奶罐，我是永远也出不去了。于是，它很快就沉了下去。

另一只青蛙在看见同伴沉没于牛奶中时，并没有一味地沮丧、放弃，而是不断告诫自己："上帝给了我坚强的意志和发达的肌肉，我一定能够跳出去。"它每时每刻都在鼓起勇气，鼓足力量，一次又一次奋起、跳跃——生命的力量与美展现在它每一次的搏击与奋斗里。

不知过了多久，它突然发现脚下黏稠的牛奶变得坚实起来。原来，它的反复践踏和跳动，已经把牛奶变成了一块奶酪。不懈地奋斗和挣扎终于换来了自由的一刻。它从牛奶罐里轻盈地跳了出来，重新回到了绿色的池塘里。而那一只沉没的青蛙就那样留在了那块奶酪里，它做梦都没有想到会有机会逃离险境。

一只小小的青蛙在面临危险的时候都能坚持到最后，而我们又有多少人能做到这一点呢？

黄文涛，1970年出生于上海，他生下来就双目失明。他从小就上盲校，离开父母的怀抱，养成了自己照顾自己的习惯，懂得了自立、自信、自尊、自强。1985年黄文涛加入了盲童学校田径队，开始了他的体育生涯。

他的主攻方向是短跑和跳远，可想而知，残疾人搞体育会给他带来多少无法想象的困难和意外。当时使用的是非常落后的助跑器，踏脚板用一根细长的铁钉支着。一次训练中，铁钉斜伸出来，如果是正常人，可以很轻易地看出来，但他却什么也看不见。一脚踏上去，一股钻心的疼痛便从脚底下传出，他一下昏了过去。后来才知道，铁钉穿过了跑鞋底和他的脚掌，又从鞋面扎了出来。因为先天的缺陷，残疾人搞体育运动要付出许多在正常人看来非常无谓的代价。教练员的示范动作，他看不清，只能"盲人摸象"似的一步步分解、揣摩，一遍遍练习。

1992年，黄文涛参加了巴塞罗那残奥会。沉着冷静的黄文涛超水平发挥，以3厘米之差打败了西班牙的胡安，赢得了冠军。当他站在领奖台上，聆听庄严的国歌奏响的时候，心中充满了自豪感。

如果黄文涛对自己悲观失望，如果踩到钉子后就向命运认输，放弃追求，如果……在挫折、失败面前一旦意志涣散，人就会很快并永远地沉沦下去，命运就会把你踩在脚下。只要摔倒了再爬起，失败了再坚持，不停地努力，困难也会怕你的。

即使是屡战屡败，也要做到屡败屡战。当年湘军创始人曾国藩，就是凭着一股"屡败屡战"的硬气，最终成就自己的一世功名。

生下来就一贫如洗的林肯，终其一生都在面对挫败：九次选举八次落选，两次经商失败，甚至还精神崩溃过一次。

有好多次他本可以放弃，但他并没有如此，也正因为他没有放弃，才成为美国历史上最伟大的总统之一。以下是林肯进驻白宫的历程简述：

1816年，他的家人被赶出了居住的地方，他必须工作以抚养他们。

1831年，经商失败。

1832年，竞选州议员，但落选了！

1832年，工作也丢了，想就读法学院，但进不去。

1833年，向朋友借钱经商，但年底就破产了，接下来他用了17年才把债还清。

1834年，再次竞选州议员，这次他赢了！

1835年，订婚后就快结婚了，但未婚妻却死了，因此他的心也碎了！

1836年，完全精神崩溃，卧病在床六个月。

1838年，争取成为州议员的发言人，但没有成功。

1840年，争取成为选举人——失败了！

1843年，参加国会大选——落选了！

1846年，再次参加国会大选，这次倒是当选了！前往华盛顿特区，表现可圈可点。

1848年，寻求国会议员连任——失败了！

1849年，想在自己的州内担任土地局长的工作——被拒绝了！

1854年，竞选美国参议员——落选了！

1856年，在共和党的全国代表大会上争取副总统的提名——得票不到100张。

1858年，再度竞选美国参议员——又再度落败。

1860年，当选美国总统。

林肯说："此路破败不堪又容易滑倒。我一只脚滑了一跤，另一只脚也因而站不稳，但我回过气来告诉自己，这不过是滑一跤，并不是死掉爬都爬不起来了。"

　　许多人都知道儒勒·凡尔纳是一位世界闻名的法国科幻小说作家，但很少有人知道，凡尔纳为了发表他的第一部作品，曾经遭受过多么大的挫折!

　　1863年冬天的一个上午，凡尔纳刚吃过早饭，正准备到邮局去，突然听到一阵敲门声。凡尔纳开门一看，原来是一个邮递员，他把一包鼓囊囊的邮件递到了凡尔纳的手里。一看到这样的邮件，凡尔纳就预感到不妙。自从他几个月前把他的第一部科幻小说《乘气球环游世界五星期》寄到各出版社后，收到这样的邮件已经是第14次了。他怀着忐忑不安的心情拆开一看，上面写道："凡尔纳先生：尊稿经我们审读后，不拟刊用，特此奉还。某某出版社。"每看到这样一封封退稿信，凡尔纳都是心里一阵绞痛。这次已是第15次了，还是未被采用。

　　凡尔纳此时已深知，那些出版社的"老爷"们是如何看不起无名作者。他愤怒地发誓，从此再也不写了。他拿起手稿向壁炉走去，准备把这些稿子付之一炬。凡尔纳的妻子赶过来，一把抢过手稿紧紧抱在胸前。此时的凡尔纳余怒未息，说什么也要把稿子烧掉。他妻子急中生智，以满怀关切的感情安慰丈夫："亲爱的，不要灰心，再试一次吧，也许这次就能交上好运的。"听了这句话以后，凡尔纳抢夺手稿的手，慢慢地放下了。他沉默了好一会儿，然后接受了妻子的劝告，又抱起这一大包手稿到第16家出版社去碰运气。

　　这次没有落空，读完手稿后，这家出版社立即决定出版此书。并与凡尔纳签订了20年的出书合同。

　　没有他妻子的疏导，没有"再努力一次"的勇气，我们也许根本无法读到凡尔纳笔下那些脍炙人口的科幻故事，人类就会失去一份极其珍贵的精神财富。

在逆境中的你，有没有产生过将心血与梦想"付之一炬"的过激念头？再努力一次吧，也许成功离你只有一"次"之遥。

5. 想尽办法，拼尽全力

所谓的"尽力"，是尽到了哪种程度的力呢？是不是"尽力"之后，就连吃饭、走路也使不出力气了呢？如果不是如此，怎么能说自己已经尽力了呢？

某位著名的法学家有一次在大学授课时提道："当你为一个案子辩论的时候必须尽心尽力，如果你掌握了有利的人证物证，就赶紧抓住事实。攻击的时候必须尽心尽力，如果你掌握了有利的条文，就用法律攻击对方。"

这时，一个学生突然发问："如果既没有有利的事实，也没有有利的法律条文，应该怎么办？"

这位法学家想了一下说："即使碰到这种最糟糕的情况，你还是要理直气壮，尽量用力拍桌子。"

"实在是因为实力不如对方才会失败。虽然输了，可是我们也已经尽力了。"我们经常会听到失败的人这么自圆其说。然而，这只是一个不负责任的借口而已。

所谓的"尽力"，是否意味着你已经绞尽脑汁、用尽才华，发挥了所有潜能，动用了所有可以利用的人力、物力……

如果不是，怎么能说自己尽了力呢？

不论对手是谁，不论有什么理由，人生的意义其实就是拼命争取胜利。或许有的人认为这未免太冷酷无情了，但竞争激烈的现代社会就是这般残酷！

人生应该以胜利作为最终目的，对于胜利必须有强烈的渴望。

德国大音乐家贝多芬说："在困厄颠沛的时候能坚定不移，这就是一个真正令人敬佩的人的不凡之处。"

遭遇紧要关头，绝对不可以松懈，必须想尽办法、拼尽全力冲破难关。一旦你穿过了这道瓶颈，前程就会豁然开朗，进入另一个光明灿烂无比顺畅的人生阶段。这就是"山重水复疑无路，柳暗花明又一村"的道理。

英国一名人说："谁以为命运女神不会改变主意，谁就会被世人所耻笑。"

6. 铸就刚毅性格的8个步骤

有没有坚强刚毅的性格，在某种意义上说，是区别伟人与庸人的标志之一。巴尔扎克说："苦难对于一个天才是一块垫脚石，对于能干的人是一笔财富，而对于庸人却是一个万丈深渊。"有的人在厄运和不幸面前，不屈服，不后退，不动摇，顽强地同命运抗争，因而在重重困难中冲开一条通向胜利的路，成了征服困难的英雄、掌握自己命运的主人；而有的人在生活的挫折和打击面前，垂头丧气，自暴自弃，丧失了继续前进的勇气和信心，于是成了庸人和懦夫。培根说："好的运气令人羡慕，而战胜厄运则更令人惊叹。"

征服的困难越大，取得的成就越不容易，就越能说明你是真正的英雄。当接连不断的失败使爱迪生的助手们几乎完全失去发明电灯泡的热情时，爱迪生却靠着坚韧不拔的意志，排除了来自各个方面的精神压力，经过无数次实验，终于为人类带来了光明。在这里，爱迪生的超人之处，正在于他对挫折和失败表现出了超人的顽强刚毅精神。

一个人的性格的刚毅是在个人的实践活动过程中逐渐发展形成的。

如果你想培养自己承受悲惨命运的能力，你不妨学着在自己的生活中采用下列技巧。

（1）下定决心坚持到底。局面越是棘手，越要努力尝试。过早地放弃努力，只会增加自己的麻烦。面临严重的挫折，也要坚持下去，加倍努力并加快前进的步伐。下定决心坚持到底，并一直坚持到把事情办成。

（2）不要低估问题的严重性。要现实地估计自己面临的危机，不要低估问题的严重性。否则，去改变局面时，就会感到准备不足。

（3）做出最大的努力。不要畏缩不前，要使出自己全部的力量来，不要担心把精力用尽。成功者总是做出极大的努力，而面对危机时，他们却能做出更大的努力。他们不去考虑疲劳、筋疲力尽，在成功之后他们会精神百倍。

（4）坚持自己的立场。一旦你下定决心要冲向前去，就要像服从自己的理智一样去服从自己的直觉。顶住家人和朋友的压力，采取你所坚信的观点，坚持自己的立场。是对是错，应该相信自己的判断力和智慧。

（5）生气是正常的。当不幸的环境把你推入危机之中时，生气是正常的。一方面对你来说，重要的是要弄明白自己在造成这种困境中起了什么作用；另一方面，你是有权利恼火的，因为摆脱困境会花费你的宝贵时间。

（6）不要试图一下子解决所有的问题。当经历了一次严重的危机如像亲人去世这样的严重事件之后，在你的情绪完全恢复以前，要满足于每次只迈出一小步。不要企图当个超人，一下解决自己所有的问题。要挑一件力所能及的事去做，就干这么一件。而每一次对成功的体验都会增强你的力量和积极的信念。

（7）让别人安慰你。无论局面好坏，失败者总是一味地抱怨不停。结果当危机真的来临时，人们很少会信以为真并安慰他，因为人们已经习惯了他的消极态度，他就像那个老喊"狼来了"的孩子一样。但是，如果你是个积极的人，平时能很好地应付自己的生活，那么，在困境中，你可以放心地把自己的懊悔和恐惧告诉别人，给别人以安慰你的机会。你理当得到这种支持，而且对于自己这种请求，你完全可以感到坦然。

（8）坚持尝试。克服危机的方法不是轻易就能找到的。然而，如果我们坚持不懈地寻求新的出路，愿意在成功的可能性很低的情况下去尝试，我们就能找到出路。要保持自己头脑的清醒，睁大眼睛去寻找那些在危机或困境中可能存在的机会。与其专注于灾难的深重，莫若努力去寻求一线希望和可取的积极之路。即使是在混乱与灾难中，也可能形成你独到的见解，它将把你引导到一个值得一试的新的冒险之中。

困难可以磨炼意志

困难可以磨炼我们的意志，每个人都应勇敢地、坚定地走好生命中每一步路。

困难可以将一个人击垮，也可以使一个人更加振作——这取决于这个人如何去看待和处理困难。美国名作家罗威尔曾说："人世中不幸的事如同一把刀，它可以为我们所用，也可以把我们割伤。那要看你握住的是刀刃还是刀柄。"

遇到困难时，如果握着"刀刃"，就会割到手；但是如果握住"刀柄"，就可以用来切东西。要准确握住刀柄，可能不容易，但还是可以做得到的，但要讲究方法和技巧。

在我们讨论处理困难之前，必须告诉大家，人生中能够遇到这些困难，是值得你高兴的事情。若没有了这些，人生就不称其为人生。虽然困境有其令人难以接受的一面，但人生在成长中却又不可缺少困难的磨炼。

1. 挫折，是走向更高地位的开始

人要是没有遇到过挫折，就很难发现自己真正的潜能；人要是从未遇到极大的挫折或是未曾遇到几近致命的打击，那么他就不可能知道怎样唤起自己内部蕴藏的力量。

　　马克思指出：要检验一个人的品格，最好是看他遭受挫折以后的行动。经受挫折以后，能否激发他产生更多的计谋和新的智慧，能否激起他潜在的力量；在受到挫折以后，他是对事物的决断力增强了，还是心灰意懒从此一蹶不振了，这些都是一个人的品格的具体表现。

　　爱默生说："伟大人物的最明显的特征就是他们坚定的意志，不管外部的环境和自身的处境恶化到何种地步，他们最初的信念和希望都不会有丝毫的改变，因而，他们最终能够克服种种困难，达到预期的目的。"

　　"跌倒了再站起来，在失败中求胜利"，这是很多伟人的成功秘诀。

　　有一个人问一个小孩，你是怎样学会溜冰的。那个小孩回答道："哦，跌倒了再爬起来，爬起来再跌倒，就学会了。"使得一个人成功的，实际上正是这种"屡败屡战"的精神。

　　真正的失败不是跌倒，跌倒了爬不起来才是真正的失败。

　　也许过去的一切，对一些人来说是一部极其痛苦和失望的伤心史。所以，有的人回想起过去来，就会觉得自己处处碰壁，碌碌无为，一事无成，他们竟然在自己最热衷最希望成功的事情上失败了，甚至连亲人和朋友都弃他而去。他们或许是下岗失业，或许是生意失败、经营不当而破产，或是因为这样那样的原因不能使自己的家庭得以维系，这些在一般人看来，似乎是前途渺茫，一切黯淡，然而，即便有上述的种种不幸，只要你不甘心，不屈服，胜利就在远方向你招手。

　　挫折，其实是对一个人人格的检验。

　　一个人如果丧失了一切，包括金钱、地位，甚至亲人和朋友，只剩下自己的大脑和双手时，他内在的力量到底还有多少？没有勇气继续奋斗，自认失败的人，那么他的能力就会迅速消失殆尽；而只有那些敢于正视现实，直面人生，无所畏惧，勇往直前，永不放弃的人，才会在自己的生命里觅得良机，发挥自己内在的潜能，他的能力也会在一时突飞猛进。

　　有的人或许要说了，已经失败多次了，所以再做任何尝试也是徒劳无益的，这种自暴自弃的想法真是太可悲了！对意志坚定，永不屈服的人而言，永远没有所谓的失败。无论成功是多么遥远，失败的次数是多少，最后的胜利仍然在他的期待之中。

生活中，有无数的人已经丧失了他们所拥有的一切，但是还不能把他们叫作失败者，因为他们仍有一颗不屈不挠的心在奋斗，有一种坚韧不拔的精神在抗争。

世间真正伟大的成功者，对世间所谓的成败，并不在意，所谓"不以物喜，不以己悲"。这种人无论面对多大的失望，也绝不会失去镇静，这样的人是一定会获得最后的胜利的。在暴风骤雨袭来时，那些心灵脆弱的人唯有束手待毙，而在这个时候，只要他们的自信还在，信念还在，而且他们如果能够镇定下来的话，他们就能凭借他们的无畏精神克服外在的一切困难，去获得成功。

温特·菲利普说："挫折，是走向更高地位的开始。"许多人之所以获得成功，是受益于他们屡败屡战的不屈不挠精神。对于没有遇见过大挫折的人来说，有时反而不知道什么是大胜利。

2. 战胜逆境，做逆境的主人

克莱恩是古希腊的一个奴隶。在他生活的那个时代，奴隶只是人们的一种劳动工具。法律规定，除了自由民之外，像他这样的劳动工具是不准从事和追求艺术的，否则就要被宣判死刑。然而作为奴隶的克莱恩却没有被这不公正的法律吓倒，他以狂热的心态崇拜着艺术和神圣的美，并决心要让自己的雕塑作品在某一天得到伟大的雕塑大师菲迪亚斯的肯定。于是，在深爱他的姐姐的帮助下，他把自己的工作放在了屋子里的地下室进行。姐姐为他准备了两盏油灯和足够的食物。地窖里阴暗，潮湿，缺乏氧气，但是为了自己心中的艺术，克莱恩什么样的困难都能克服。

时隔不久，所有的希腊人都被邀请到雅典参观一个艺术品的展览。这次展览在当地的大市场上举行，由伯里克利亲自主持。在他的旁边站着他所宠爱的阿斯帕齐娅以及雕刻家菲迪亚斯、哲学家苏格拉底、悲剧诗人索福克勒斯以及其他许许多多的知名人士。

所有伟大的艺术巨匠的作品都被陈列于此。但是，在琳琅满目、美不胜收的艺术珍品中，有一堆作品显得尤为出类拔萃、卓尔不群——它们是那么的精美绝伦，仿佛就是阿波罗本人凿刻出来的。这堆作品成了人们瞩目的中心，所有人都在其摄人心魄的艺术美之前心荡神移、赞叹不已，就连那些参与竞争的艺术家也一个个心悦诚服地甘拜下风。

"谁是这堆作品的雕刻者？"没有人知道答案。传令官重复了这个问题，人群中还是寂静无声。"那么，这就是一个谜！难道它们会是一个奴隶的作品吗？"

人群中突然出现了一股很大的骚动，一个清纯美丽的少女被拖到了大市场里，她衣裳散乱、头发蓬松、双唇紧闭、大大的眸子里满是坚毅的神色。"这个女人，"当地的行政官声嘶力竭地喊道，"就是这个女人知道雕刻者的底细。我们确信这一点，但是她死活都不肯说出雕刻者的名字。"

姐姐克莉恩受到了严厉地盘问，但是，她的回答只是沉默。虽被告知了自己的行为应当受到的惩罚，然而这位勇敢的姑娘却是不作一声。"那么，"伯里克利说道，"法律是神圣不可违背的，而我恰恰是负责执法的大臣。把这位姑娘关到地牢里去。"

当他做出这番宣判的时候，一个有着一头飞扬长发的年轻人气喘吁吁地冲到了他的面前。这个年轻人尽管身材消瘦，满脸憔悴，但那黑黑的眼睛却闪烁着只有天才才有的那种耀眼光芒，就如夜空中的两颗明星一样。他高声地央求道："噢，伯里克利，请饶恕和赦免那个女孩吧！她是我的姐姐，我才是真正的罪魁祸首。那堆雕塑出自我的双手，出自我这个奴隶的双手。"

愤怒的人群打断了他的话，人们激昂地喊道："把他关到地牢里去，把这个奴隶关到地牢里去。"

但伯里克利站了起来，威严地说道："只要我活着，就不允许这种事情发生！看一看那堆雕塑吧！阿波罗以他的名义告诉我们，在希腊有某些东西要比一部不正义的法律更为重要。法律的最高目的应该是发扬美的事物，扶植美的事物。如果说雅典会永远活在人们的记忆中，会名垂史册的话，那是因为她对艺术做出了巨大贡献，是这种贡献使得她永远不朽。不要把那个年轻人关到地牢里去，让他站到我的身边来。"

就这样，当着聚会的成千上万的公众的面，阿斯帕齐娅把拿在自己手中的用橄榄枝编成的花冠戴在了克莱恩的额头上。与此同时，在如雷般的掌声和喝彩声中，她温柔地吻了克莱恩深情挚爱的姐姐。

在古希腊神话中，有一个西西里弗斯的故事。西西里弗斯因为在天庭犯了法，被天神惩罚，降到人世间来受苦。对他的惩罚是：要推一块石头上山。每天，西西里弗斯都费很大的劲儿把那块石头推到山顶，然后回家休息。可是，在他休息时，石头又会自动地滚下来。于是，西西里弗斯又要把那块石头往山上推。这样，西西里弗斯所面临的是永无止境的失败。天神要惩罚西西里弗斯的，也就是要折磨他的心灵，使他在"永无止境的失败"命运中，受苦受难。

可是，西西里弗斯不肯认命。每次，在他推石头上山时，天神都打击他，用失败去折磨他。西西里弗斯不肯在成功和失败的圈套中被困住，他在面对绝对注定的失败时，表现出明知失败也决不屈服的抗争意志。天神因为无法再惩罚西西里弗斯，就放他回了天庭。

西西里弗斯的命运可以解释我们一生中所遭遇的许多事情，其中最关键的是：生活中的困难都是有"奴性"的，如果你凭自己的努力战胜了它，你便是它的主人，否则你将永远是它的奴隶。

在一次记者招待会上，一名记者问美国副总统威尔逊贫穷是什么滋味时，这位副总统向我们讲述了一段他自己的故事。

"什么也没有时是什么滋味？我在10岁时就离开了家，当了11年的学徒工，每年可以接受一个月的学校教育。最后，在11年的艰辛工作之后，我得到了一头牛和六只绵羊作为报酬。我把它们换成了84个美元。从出生一直到

21岁那年为止，我从来没有在娱乐上花过一美元，每个美分都是经过精心算计的。我完全知道拖着疲惫的脚步在漫无尽头的盘山路上行走是什么样的痛苦感觉，我不得不请求我的同伴们丢下我先走……在我21岁生日之后的第一个月，我带着一批人马进入了人迹罕至的大森林里，去采伐那里的大圆木。每天，我都是在天际的第一抹曙光出现之前起床，然后就一直辛勤地工作到天黑后星星探出头来为止。在经过一个月的辛劳努力之后，我获得了六个美元作为报酬。当时在我看来这可真是一个大数目啊！每个美元在我眼里都跟今天晚上那又大又圆、银光四溢的月亮一样。"

在这样的穷途困境中，威尔逊先生下决心，不让任何一个发展自我、提升自我的机会溜走。很少有人能像他一样深刻地理解闲暇时光的价值。他像抓住黄金一样紧紧地抓住了零星的时间，不让一分一秒无所作为地从指缝间流走。在他21岁之前，他已经设法读了1000本好书——想一想看，对一个农场里的孩子，这是多么艰巨的任务啊！

顺境固然好，它可以让你毫不费力地到达自己理想的彼岸，但如果一个人处于逆境之中怎么办？只有秉着信念之灯继续前行，一直到达阳光地带。正如大多数成功者所坚信的那样："我知道我不是境遇的牺牲者，而是它们的主人。"

3. 化"危机"为"良机"

逆境足以唤起一个人的热情、开发一个人的潜力而使他达到成功。有本领、有骨气的人，能将"失望"化为"扶助"，像蚌能将烦恼它的沙砾化成珍珠一样。鸷鸟一旦毛羽生成，母鸟会将它们逐出巢外，让它们做空中飞翔的练习。那种经验，使它们能于日后成为禽鸟之王和觅食的能手。

凡是环境不顺利，到处被摒弃、被排斥的青年，往往日后会有出息；而那些从小就环境顺利的人，却常常"苗而不秀，秀而系宝"。自然往往在给予人一分困难时，同时也给人添一分智力！

塞万提斯写他的《堂吉诃德》是在他困处马瑞德狱中的时候。那时他贫困不堪，甚至无钱买纸，在即将完稿时，把皮革当作纸张。有人劝一位西班牙百万富翁去接济他，那位百万富翁回答说："上天不允许我去接济他的生活，因为唯有他的贫困，才能使得世界丰富！"

热情之火甚至连监狱的铁门与锁链也无法将其囚禁。《鲁滨孙漂流记》是在狱中写成的，《天路历程》也是彼特福特在监狱中写成的。拉莱在他13年的囚禁生活中，写成了他的《世界历史》。路德幽囚在瓦特堡的时候，把《圣经》译成了德文。大诗人但丁被判死刑而过着流亡的生活达20年，他的作品就是在这段时期中完成的。

有史以来，被压迫、被驱赶，简直是犹太人注定的命运。然而犹太人却产生过许多最可贵的诗歌，最巧妙的谚语，最华美的音乐。对于他们，"迫害"仿佛总是同"逆境"携手而来的。对于他们，"困苦如春日的早晨，虽带霜寒，但已有暖意；天气寒冷，足以杀掉土中的害虫，但仍能使植物生长！"

席勒为病魔缠扰15年，而他的最有价值的作品，也就是在这个时期写成的。弥尔顿在双目失明、贫病交迫的时候，写下了他著名的作品。

大无畏的人，愈为环境所迫，愈加奋勇，不战栗，不遗憾，意志坚定，敢于对付任何困难，轻视任何厄运，嘲笑任何逆境。因为忧患、困苦不足以损他毫厘，反足以加强他的意志、力量与品格，使他成为了不起的人物。

被人誉为"乐圣"的德国作曲家贝多芬一生遭到数不清的磨难、贫困，逼得他行乞、失恋，甚至使他耳聋，几乎毁掉了他的事业。贝多芬并未一蹶不振，而是向命运挑战！他在两耳失聪、生活最悲痛的时候，写出了他的最伟大的乐曲。

最富有与最成功的华裔百万富翁——王安博士，赤手空拳在美国打出天下，扬名异域，赢得世人的尊敬。前些年，他出版了自传。奇怪的是他的书不是叫《第一主义》《电脑巨人》《创业奋斗史》，却命名为《教训》。由此可以看出令百万富翁体会最深刻、最能让大家分享的，是他克服逆境的心路历程。事实上，《教训》一书，多在阐述如何以逆境为师，不断地吸取逆境的教训。

过去，百万富翁常被人视为天才，或是说他们有奇遇。但在现实世界中的自诩的天才，往往是聪明反被聪明误，不然就是经不起逆境的考验，以至于一蹶不振。

拥有财富与逆境常是一体之两面，百万富翁也是逆境最多的人。俗语说："刀靠石磨，人要事磨。"的确，唯有耐得住"事磨"与"心磨"的人，在经过那一番寒心彻骨的历练后，才得以在"山重水复疑无路"之际，机灵地掌握住机会，寻得"柳暗花明又一村"的景象。将事业"危机"化为"转机"，进而开启"良机"。

4. 想开一点儿，接受无法改变的

小时候，小勇经常到一间无人住的破屋里去玩。玩累后把脚放在窗台上歇着时，一声响惊得他一跃而起，没想到左手小指被一只铁钉钩住了，竟把手指拉断了。

他当时吓呆了，以为今生全完了。但是后来手伤痊愈，也就再没有为这事烦恼。现在，他几乎没有想到左手只有四根手指。

后来，小勇遇到个开电梯的工人，他失去了左臂，小勇问他是否感到不便，他说："只有在医生帮我缝合伤口的时候才感觉到。"

人们在身处逆境时，适应环境的能力真是很惊人的。人可以忍受不幸，也可以战胜不幸，因为人有着惊人的潜力和毅力，只要立志发挥它，就一定能渡过难关。

小说家达克顿曾认为除双目失明外，他可以忍受生活上的任何打击。但当他60岁双目失明后，却说："原来失明也可以忍受。人能忍受一切不幸，即使所有感官都丧失知觉，我也能在心灵中继续活着。"

虽然并不主张大家都遭受不幸，而是说人们只要有一线希望，就应奋斗不止。但对无可挽回的事，还是要想开一点儿，不要强求不可能的结果。

话剧演员波尔特德就是这样一位达观的女性。她风靡四大洲的戏剧舞台达50多年。当她71岁在巴黎时，突然得知自己破产了。更糟糕的是，她在乘船横渡大西洋时，不小心摔了一跤，腿部伤势严重，引起了静脉炎，医生认为必须把腿部切除。他不敢把这个决定告诉波尔特德，怕她忍受不了这个打击。可是他们想错了。波尔特德注视着这位医生，平静地说："既然没有别的办法，就这么办吧。"

手术那天，她在轮椅上高声朗诵戏里的一段台词。有人问她是否在安慰自己，她回答："不，我是在安慰医生和护士，他们太辛苦了。"

后来，波尔特德继续在世界各地演出，又重新在舞台上工作了7年。

用精神和毅力与不可避免的事情抗争，就会有精神和毅力的新生。为什么车子的轮胎能经得起长时间的碾磨呢？一开始人们设计出很硬的木质车胎，但用不了多久，就被震得七零八落。后来造出有弹力的橡胶车胎，这才经得住磨损。如果我们也能像橡胶车胎一样，那我们也会让生活磨炼得更坚韧不拔。

5. 战胜自己才能成功

科学家曾经做过一个实验：他往一个玻璃杯里放进一只跳蚤，发现跳蚤立即轻易地跳了出来。重复几遍，结果还是一样。根据测试，跳蚤跳的高度一般可达它身体的400倍左右，所以跳蚤称得上是动物界的跳高冠军。接下来实验者再次把这只跳蚤放进杯子里，不过这次是立即同时在杯上加一个玻璃盖，"啪"的一声，跳蚤重重地撞在玻璃盖上。跳蚤十分困惑，但是它不会停下来，因为跳蚤的生活方式就是"跳"。一次次被撞，跳蚤开始变得聪明起来了，它开始根据盖子的高度来调整自己所跳的高度。再一阵子以后，发现这只跳蚤再也没有撞击到这个盖子，而是在盖子下面自由地跳动。一天后，实验者开始把盖子轻轻拿掉，跳蚤不知道盖子已经去掉了，它还是在原来的那个高度继续地跳。

三天以后，他发现那只跳蚤还在那里跳。一周以后发现，这只可怜的跳蚤还在这个玻璃杯里不停地跳着——其实它已经无法跳出这个玻璃杯了。

现实生活中，是否有许多人也在过着这样的"跳蚤人生"？年轻时意气风发，屡屡去尝试，但是往往事与愿违，屡屡失败。几次失败以后，他们便开始不是抱怨这个世界的不公平，就是怀疑自己的能力，他们不是不惜一切代价去追求成功，而是一再地降低成功的标准——即使原有的限制已取消。就像刚才的"玻璃盖"，虽然已被取掉，但他们早已经被撞怕了，不敢再跳，或者已习惯了，不想再跳了。人们往往因为害怕去追求成功，而甘愿忍受失败者的生活。难道跳蚤真的不能跳出这个杯子吗？绝对不是。只是它的心里面已经默认了这个杯子的高度是自己无法逾越的。让这只跳蚤再次跳出这个玻璃杯的办法十分简单，只需拿一根小棒子重重地敲一下杯子；或者拿一盏酒精灯在杯底加热，当跳蚤热得受不了的时候，它就会"嘣"的一下，跳了出去。

人有些时候也是这样。在历经挫折后，意志消沉，不敢再尝试跨越障碍。他们心里面默认了一个"高度"。"心里高度"是人无法取得伟大成就的根本原因之一。

我要不要跳？能不能跳过这个高度？我能不能成功？能有多大的成功？这一切问题都取决于自我设限和自我暗示！一个人在自己生活经历和社会遭遇中，如何认识自我，在心里如何描绘自我形象，也就是你认为自己是个什么样的人，成功或是失败的人，勇敢或是懦弱的人，将在很大程度上决定自己的命运。你可能渺小，也可能伟大，这都取决于你对自己的认识和评价，取决于你的心理态度如何，取决于你能否靠自己去奋斗。

很多事情，并不是自己被别人打败了，而是自己被自己失败心理打败了！

美国《运动画刊》上登载了一幅漫画，画面是一名拳击手累瘫在练习场上，标题为《突然间，你发觉最难击败的对手竟是自己》。这个标题实在耐人寻味。

在日本有一个学业成绩优秀的青年去报考一家大公司，结果名落孙山。这位青年得知这一消息后，深感绝望，顿生轻生之念，幸亏抢救及时，自杀未成。不久传来消息，他的考试成绩名列榜首，是统计考分时，电脑出了差错，他被公司录用了。但很快又传来消息，说他被公司解聘了，理由是一个人连如此小小的打击都承受不起，又怎么能在今后的岗位上建功立业呢？这个青年虽然在考分上击败了其他对手，可他没有打败自己心理上的敌人，他的心理敌人就是惧怕失败，对自己缺乏信心，遇事自己给自己制造心理上的紧张和压力。

在追求成功的道路上，我们发现一部分人失败了，而另一部分人却成功了，这究竟是什么原因呢？这其中的主要原因是：前者是被自己打败，而后者却能打败自己。美国有位叫凯丝·戴莱的女士，她有一副好嗓子，一心想当歌星，遗憾的是嘴巴太大，还有龅牙。她初次上台演唱时，努力用上嘴唇掩盖龅牙，自以为那是很有魅力的表情，殊不知却给别人留下滑稽可笑的感觉。有一位男听众很直率地告诉她："龅牙不必掩藏，你应该尽情地张开嘴巴，观众看到你真实大方的表情一定会喜欢你的。也许你所介意的龅牙，会为你带来好运呢！"

一个歌唱演员在大庭广众之下暴露自己的缺陷，首先是要用理智说服自己，还要有勇气打败自己。凯丝·戴莱接受了这位男听众的忠告，不再为龅牙而烦恼，她尽情地张开嘴巴，发挥自己潜能特长，终于成为美国娱乐界的大明星。

一个人要挑战自己，靠的不是投机取巧，不是耍小聪明，靠的是信心。世界著名的游泳健将弗洛伦丝·查德威克，一次从卡得林那岛游向加利福尼亚海湾，在海水中泡了16小时，只剩一海里时，她看见前面大雾茫茫，潜意识发出了"何时才能游到彼岸"的信号，她顿时浑身困乏，失去了信心。于是她被拉上小艇休息，失去了一次创造纪录的机会。事后，弗洛伦丝·查德威克才知道，她已经快要登上了成功的彼岸，阻碍她成功的不是大雾，而是她内心的疑惑。是她自己在大雾挡住视线之后，对创造新的纪录失去了信心，然后才被大雾所俘虏。过了两个多月，弗洛伦丝·查德威克又一次重游加利福尼亚海湾，游到最后，她不停地对自己说："离彼岸越来越近了！"潜意识发出了"我这次一定能打破纪录！"的信号，她顿时浑身来劲，最后弗洛伦丝·查德威克终于实现了目标。

人有了信心，就会产生意志力量。人与人之间，弱者与强者之间，成功与失败之间最大的差异就在于意志力量的差异。人一旦有了意志的力量，就能战胜自身的各种弱点。

当你需要勇气的时候，就能战胜自己的懦弱；
当你需要勤奋的时候，就能战胜自己的懒惰；
当你需要廉洁的时候，就能战胜自己的私欲；
当你需要谦虚的时候，就能战胜自己的骄傲；
当你需要宁静的时候，就能战胜自己的浮躁。

人生最大的挑战就是挑战自己，这是因为其他敌人都容易战胜，唯独自己是最难战胜的；有位作家说得好："自己把自己说服了，是一种理智的胜利；自己被自己感动了，是一种心灵的升华；自己把自己征服了，是一种人生的成熟。大凡说服了，感动了，征服了自己的人，就有力量征服一切挫折，痛苦和不幸。"

第六章 学会借助别人的力量

当两个或更多的人为了既定的目标，能够以非常协调的方式进行思想及行动上的配合，这种力量就是无与伦比的。

——拿破仑·希尔

就算你浑身都是铁，又能打几颗钉？

——民谚

瘸子到盲人家串门，无意中看到盲人房子后面的小山坡上有一片熟透的葡萄林。

瘸子对盲人说："你家的葡萄都熟透了，怎么还不摘？"

盲人说："我想摘，可是我看不见路，要不你帮我摘来，我们一起吃？"

瘸子说："我爬不上那个山坡，怎么摘？"

盲人想了想，也是，便叹了一口气。

过了一会儿，瘸子说："我有一个摘葡萄的办法，我在山坡下给你指路，你爬上坡去摘葡萄。"

盲人觉得瘸子的办法不错，便和瘸子一起走到山坡下。然后，盲人在瘸子"左边""右边"的指引下顺利爬上山坡，又在瘸子的指引下摘了很多串熟透了的葡萄并安全地走下了山坡。

瘸子和盲人终于酣畅淋漓地享受了一顿葡萄"大餐"。之后，他们握手道别，相约第二天再合作干点儿别的什么。

想到是银，做到是金，想到不能做到的人，无疑是生活的弱者。不过，有些好的IDEA是我们想破脑袋也得不来的，而有些事情我们累垮了也做不成功。埋怨没有用，郁闷也于事无补，现实有时就是这么残酷。那么，想不到或做不到的人有出路吗？有的话，其出路又在哪里？

人脉通畅事事成

晚清乱势中一帜独秀的红顶商人胡雪岩在总结自己的成功之道时，说：

"要成大事，先要会做人；而会做人，即是善于在交往中积累人缘。若能做到圆通有术，左右逢源，进退自如，上不得罪于达官贵人，下不失信于平民百姓，中不招妒于同行朋友，行得方圆之道，人缘大树枝繁叶茂，那成大事一定不在话下了。"

胡雪岩所说的"人缘"，就是我们现在所说的"人脉"。人的血脉健康通畅，则人精神焕发、充满活力。人生成功路上也有一条"血脉"——那就是"人脉"。有了健康通畅的人脉，人生路上的你必定精神焕发、活力四射；反之，则举步维艰、处处掣肘。

1. 自己做不到的让别人帮忙做

头脑敏捷、创意飞扬的人，不见得行动力也超凡出众。然而一个全新的想法要付诸实践并取得成功，没有超强的行动力——这种能力有时光靠决心与信心是不够的，创意也只能停留在创意局面上，或者即使付诸行动也最终惨败。不少好的创意，最终导致失败并非创意本身不行，而是行动力不佳所导致。风靡一时的"拍立得"相机，发明人亨利·兰德，就差点因为自己的行动力不佳而令发明功亏一篑。

　　亨利·兰德平日非常喜欢为女儿拍照，而每一次女儿都想立刻看到父亲为她拍摄的照片。于是，有一次他就告诉女儿，照片必须全部拍完，等底片卷回，从照相机里拿下来后，再送到暗房用特殊的药品显影。而且，副片完成之后，还要照射强光使之映在别的相纸上面，同时必须再经过药品处理，一张照片才告完成，他向女儿做说明的同时，内心却问自己说："等等，难道没有可能制造出'同时显影'的照相机吗？"对摄影稍有常识的人，听了他的想法后都异口同声地说："哪儿会有可能。"并列举一打以上的理由说："简直是一个异想天开的梦。"但他却没有因此而退缩，历经艰辛发明了"拍立得相机"。

　　"拍立得"相机正式投产后，兰德的问题来了：他无法将这种相机有效地推广开来。尽管他无法做到，但他知道该如何做到。经过慎重的考虑，兰德决定找一个能够帮自己做到的人。他请来了当时美国颇有名望的推销专家——霍拉·布茨。布茨一见"拍立得"顿生好感，欣然受命担任专门负责营销的经理。迈阿密海滨是美国的旅游胜地，每年来此度假的旅客成千上万。精明的布茨认为这里是理想的推销场所，他专门雇用了一些泳技高超、线条优美的妙龄女郎，在海滨浴场游泳时假装不慎落水，然后再由特意安排的救生员将其救起，惊心动魄的场面引来了许多围观的游客，这时，"拍立得"相机立刻大显身手，眨眼工夫，一张张记录当时精彩场面的抢拍照片展现在人们面前，令见者惊讶不已。推销员便趁机推销这种相机，就这样"拍立得"相机迅速由迈阿密走向全美并迅速走向世界，成了市场的热门商品，畅销不衰。公司因此生意兴隆，名声大振。兰德和布茨都在"拍立得"身上大赚了一笔。

　　想到做不到，容易成为一个"空想家"。然而只要你善于找到一个帮你做到的人，你不就做到了吗?

2. 借别人的钱为自己赚钱

很多事情，你要想做到，少不了一笔资金来支持。没有足够的资金支持，是想到却做不到的几个常见原因之一。闻名全球的"假日酒店"在创始之初，其创造人威尔逊就险些因为资金不足而使脑中的构想夭折。

威尔逊像美国的许多人一样，一年之中总要利用一些日子到外地去度假旅游。1951年的夏季，他与妻子带着母亲及自己的5个孩子到华盛顿去旅游。本来，他是想在旅游中让全家人轻松愉快一下的，但事与愿违。他驾驶着自己的车旅行，沿途所住的都是汽车旅馆。这些老式的汽车旅馆价钱虽不太贵，但房间矮小，设备陈旧不堪，又脏又乱。有些旅馆连洗澡的地方也没有，饮食和购物的配套设施也没有，服务则更加糟糕。他一家人所住的一间旅馆，甚至有臭虫咬人。几天的旅游给威尔逊留下了许许多多的不满，他的老母亲也抱怨说："这样的旅行度假简直是花钱买罪受。俗语所讲的'在家百日好，出门半朝难'，现实真是如此。"

这次旅游引起威尔逊深思：到了20世纪50年代，美国人的生活已经发生了很大的变化，外出旅游已开始风行，欧洲等其他一些国家和地区的人们也纷纷到美国来旅游或公干，而美国现有的旅馆绝大多数是当年供军人过路住的，要求简单，它很不适应今天的形势需求。他想起了自己阅读过的一本营销学书籍里的一句话："能满足市场需求的产品（包括服务）就能获得盈利。"于是，他随之萌生了一个念头，假如自己能办起一些便利和优越于汽车旅馆的旅馆，相信一定会有发展前途。

根据这样的思路，威尔逊立即动手开始市场调查。他首先对各地汽车旅馆的不足之处和令旅客不满之处进行了解，自己从中加以改进。其次了解哪个地方的客源最多，利于经营。此外，他深入了解和学习旅馆的经营和管理办法，研究怎么把别人的管理办法提高一步。经过一番调查研究后，他决心投入旅馆行业的经营。

关于旅馆名字，威尔逊首先起了一个很有针对性而又充满温暖气氛的名字，叫"假日酒店"。接着，他物色了一块旅游者较多的地方，用作建"假日酒店"，这地方在田纳西州的孟菲斯市。然后，他着手筹借钱财和人才为其建设"假日酒店"。

在筹借工作中威尔逊不是一帆风顺的，其中遭受过不少挫折。开始之初，他从自己熟悉的行业和人士入手，找到了当时美国建筑业大亨华莱士，祈望与他合作，借用其雄厚的财力。华莱士听了威尔逊对旅游业的现状和前景的分析，觉得很有道理，并认真审阅了威尔逊的发展计划，很感兴趣。于是，两人决定合伙注册一家公司，开拓这项事业。为了争取建筑商的财力支持，他们把威尔逊的计划送给各主要建筑商征询意见。这些建筑商看了后，一致表示赞赏，认为是好事。但是，他们都是些唯利是图的商人，只愿意承受建筑工程业务，不愿出钱承担风险。就这样，第一个回合使威尔逊的计划失败了，与华莱士的合作也告吹了。

具有战略眼光的威尔逊没有因挫折而动摇自己的决心和改变整个计划，他反复思考后，决定改变战术，以迂为直的办法筹借资金和人力。他把自己的全部资金投入后，还把全家的财物、住房做抵押，向银行贷来50万美元，先以"集中力量打歼灭战"的战术，盖起第一家"假日酒店"，使它初露端倪，显示出整间酒店的轮廓后，再招股集资。

威尔逊这一战术果然见效，当他第一家"假日酒店"破土动工后，壮观的蓝图引起了各界人士关注。一位35岁的律师威廉·华顿对威尔逊这一举动很赏识，愿意到他那里参与"假日酒店"的创建。威尔逊当然求之不得，他知道这位仁兄是孟菲斯市建筑协会的顾问，他具有精明的经营头脑和透彻的分析能力。威尔逊聘他为副总裁。

在威廉·华顿的策划和协助下，威尔逊制定了一个募招资金的办法。这次募招资金的对象不再是那些唯利是图的商家，而是一些愿为社会做好事的医生、牧师、律师等有比较稳定收入的中产阶层人士。他们周密地拟订出"募招股份"说明，同时开展有计划而扎实的宣传工作，给被宣传人留下了有图样、有说明和措施的殷实印象。结果十分显效，他们共发行了12万股股票，每股为9.75美元，第一天就卖光了。这笔资金的筹措，不但解决了威尔逊的第一间假日酒店能否建成开业的问题，也为威尔逊创建"旅业王国"打下了基础。因为第一家五星级的假日酒店建成开业，它以强大的优势吸引了汽车旅店的旅客，它的兴旺生意，对其股民的投资回报也相当好，这样就树立起"假日酒店"的形象，为其以后扩大经营打下了坚实的基础。

　　威尔逊因旅行的不便，而想到创办一个迎合市场需求的酒店，可谓"想到"。但从"想到"到"做到"之间，似乎还有一段很长的距离。许多绝妙的创意与伟大的IDEA就因这段距离的艰难而夭折。威尔逊是明智的，他依靠他人的投资，圆了自己的梦想。

3. 自己想不到，让别人帮你想

　　想不到的人，包括了两种：一种是既想不到又做不到（指行动力弱）的人；另一种是想不到但做得到（指行动力强）的人。
　　不管是哪种人，都能活出自己的精彩。你想不到不要紧，有大批科学家、发明家的想法、创意、发明在等着你；你做不到也不要紧，有大批实干能人待价而沽。

　　刘邦"想到"不如张良，"做到"不如韩信，却能把"力拔山兮气盖势"的西楚霸王逼死乌江之畔，成就自己一代霸业。他之所以成功，是因为他能借用他人的智慧去"想到"、借用他人的力气去"做到"。
　　香港影坛老大成龙一面演戏，一面经营着"龙"（Jackie Chan）牌男装系列。成龙希望"龙"牌男装能够成为世界名牌。他对于服装设计与经营是一个绝对的外行，但这对他来说根本就不是什么问题。他说：把不擅长的事交给别人去做就行了。专门的服装设计部门给他的公司设计出颇有卖点的服装，专门的销售部门负责将这些服装推向市场。他既不需要自己绞尽脑汁去想到什么，也不需要自己筋疲力尽去做到什么。一切自有人帮他搞定。

当然，成龙是名人，因此其身上的名人效应是常人所不能企及的。我们在此引用这个例子，只是想告诉各位：想到做到，并非凭你一己之力，有困难时要想到借他人之力——这一点如果你能想到并做到，则你没有什么不能想到，没有什么不能做到！

人脉越宽，事情越好办

人脉越宽，路子越宽，事情就越好办。几千年来，这已经被无数的经验和教训所验证。一个成功的人士，往往能带动和影响他身边的一批人，他也善于理解和接受他们，使自己与他们之间的关系更融洽。良好的人脉是成就大事者最重要的因素，也是必备的条件之一。

当我们办事不顺或者四处碰壁的时候，你一定经常会想到，"如果我有更多的朋友和关系，一定可以更加顺利地完成这件工作。"因为，只要我们和朋友中的有关人物有所联系，一旦有事情想要去拜托他或是与其商量讨论时，总是能够得到很好的回应。

这种时刻能与朋友中的关键人物取得联系的有利条件，就是"人脉力量"。事实上，人脉关系网越宽广，做起事来就越方便。可见，善于搭建丰富有效的人脉关系网，是我们到达成功彼岸的重要因素。

1. 如何构建人脉关系网

人脉关系网的建构与完善，不是一朝一夕的事情。这也如同编织捕鱼用的渔网，有一个由点到线，由线到面的过程。下面是六个人脉布局的原则。

（1）博采众长

在人际交往中，人们常常受方位的邻近性、接触频率的高低性和意趣的投合性影响，交往的领域往往比较狭窄。

其实，决定交往对象范围的主要因素，应该是"需要的互补性"，通过交往去获得"互补"的最大效益，我们应当打破各种无形的界限，根据自己生活、事业上求进步的需要，积极参加各类相应的交往活动，主动选择有益、有效的交往对象。

如果你发现自己某方面的个性有缺陷而又对某人这方面的良好个性十分羡慕和敬佩的话，那么你为什么不去主动找他谈谈，用自己的感受与苦衷去引发他介绍自己的体会与经验呢？如果你觉得自己与某人的长短之处正宜互补的话，为什么不可以通过推心置腹的交往来取人之长，来补己之短呢？

选准对象，抓住时机，主动"出击"，以己之虚心诚意去广交朋友，这对博采众长，克己之短，拓展人脉，完善自我是很有好处的。

（2）立体交叉

所谓"立体交叉"，即可从不同角度去理解，如从思想品德的角度说，就是不仅与比自己德高性善的人交往，也要适当与比较后进的人交往；从性格的角度上说，就是不仅与性格意趣相近者交往，还要适当与性格迥异、意趣不同者交往；从专业知识的深广度来说，就是不只限于与同一文化层次、同一专业行当的人交往，还应发展与不同文化层次，不同专业行业的人交往；从家乡习俗的角度来说，就是不仅要与同乡、国内的人交往，还应当发展与异乡人、外国人的交往……

日本组织工学研究所所长系川英夫曾这样谈道"人脉关系网上的乘法"："通过与不同类型的各种人物交往，可以获得大量的情报信息，利用这些信息，便可以进行新的创造性活动。在与各种不同类型的人交往过程中，不仅可以产生一些新的设想，而且可以使自己的思想更加活跃"。

他还作了这样的对比："假如有两个人，A的能力为5，B的能力也为5，他们通过交流，将使两人的能力产生如下的差别：5——两个人未交往前的能力；$5 \times 5 = 25$——两个人交换信息后的能力。"

（3）培养知己

爱因斯坦曾说过："世间最美好的东西，莫过于有几个头脑和心地都很正直的知心朋友"，这种朋友，正如古人所说的"道义相砥，过失相规"的"畏友"和"缓急可共，生死与共"的"密友"。

而事实上，这种交往和友谊的形成，常常与他们之间"高层次"交往分不开的。"高层次"的交往的朋友有着共同的远大理想和事业上的进取心，他们在交往中共同探索人生的意义、科学的真理，有了成绩和进步，大家共享欢乐，相互鼓舞；遇到痛苦和挫折彼此分担、互相激励；有了分歧，以诚相见，共求真理；对方有了缺点，直言不讳，不留情面。

北宋时的著名文学家苏轼与黄庭坚就是这样的一对密友，两人常在一起吟诗论句、切磋学问。

有一次，苏轼说："鲁直，你近来写的字越来越清劲，不过有的地方太硬瘦了，几乎像树梢挂蛇啊。"说罢笑了起来。

黄庭坚回答说："师兄一语中的，令人心折。不过师兄写的字……"

苏轼见他犹豫不决，欲言又止，赶快说："你为什么吞吞吐吐，怕我吃不消吗？"

黄庭坚于是大胆言道："师兄的字，铁画银钩，遒劲有力。然而有时写得有些偏浅，就如石头压的蛤蟆。"话音刚落，两人笑得前俯后仰。

正是这种肝胆相照的互相砥砺，使他们之间的友谊与学问更加枝繁叶茂。这种高层次的交往，可以成为我们人脉的坚固的基础。

（4）老少携手

年轻人离不开老年人的提携和帮助。然而，由于青年人与中、老年人在思想、感情、思维方法和心理品质上的较大差异，加上青年人在青春发育成熟期心理上出现的成人感和独立性，"代际交往"常被两代人之间的心理障碍——代沟所阻隔了。

但这种"代沟"是可能而且必须要填平的，因为任何社会阶段都要靠各个年龄层次的人的相互帮助共同作用来发展。这种作用既有选择性的继承，也有创造性的发展、继承与创新。老年与青年的矛盾，也是推动社会文明进步的动力。要解决好这些矛盾，需要靠两代人的共同努力合作，而代际交往是两代人沟通的需要，实现能量互补的有效途径。

要发展代际交往，青年人必须虚心客观地、辩证地认识老年人与青年人各自的长短优劣之处，看到代际交往对双方缺陷的"互补"功能。

培根就曾这样论述过："青年的性格如同一匹桀骜不羁的野马，藐视既往，目空一切，好走极端，勇于改革而不去估量实际的条件和可能性，结果常常因浮躁而改革不成；而老年人经过岁月的磨难后，办事求稳保平安，他们往往思考多于行动，议论多于果断。有时为了事后不后悔，宁愿事前不冒险。最好的办法是把两者的特点结合起来。"

这样，年轻人就可以从老年人身上学到自己正需要的那坚定的志向、丰富的经验、深远的谋略和深沉的感情。而且，老年人有着丰厚的人际关系资源，可以为年轻人提供广泛的人际关系"门路"。而老年人也可从青年人身上学习自己所缺乏的蓬勃朝气、创新精神和纯真的思想。

俗话说："家有一老，如有一宝。"在你的人脉圈子中，老年人是必不可少的。

（5）男女不拘

男女关系是人脉关系网的一个重要方面。天地之间，阴阳互补，刚柔相济，两性的力量结合在一起，可以使人脉关系网的能量扩大到你意想不到的程度。心理学家发现，男女在一起劳动，效率能提高许多倍！

男人和女人不但在心理上，在其内在的性情品质上，也有着许多可以互补的内容：

女淳朴，男厚道；女含蓄，男直率；女婉约，男豪爽；女朴质，男信实；女纯真，男忠诚；女温柔，男宽容；女体贴，男达观；女内秀，男聪明；女精细，男明智；女乖巧，男机智；女能干，男精悍；女勤快，男奋勉；女端庄，男稳健；女娴静，男儒雅；女谦和，男平易；女豁朗，男旷达；女通理，男民主……

在行为上，两性也各有特色。男子步态矫健，女子款步轻盈；男子举止洒脱，女子动作优雅；男子言谈似夏雨，女子说话如春风；男经历大事能决断，女生活小事能自主……

可见，在你的人脉圈子里，男女的组合是不可缺少的。它可以使你的生活充满生气和活力，使你在整个人际关系圈内焕发出具有生命力的吸引力和无限的能量。

在这里需要特别指出的是，有人认为，女人太软弱，女人爱唠叨……简直有数不清的缺点，身边女性朋友多了，闲事就多，自己也会变得婆婆妈妈的。

其实这种想法是大错特错的。就连持这种想法的人也不得不承认一个事实：在求人办事方面，女性的成功率往往比男性大得多。这正是因为女性发挥了她们独特的品质，那就是温柔和怜悯。

其实温柔与软弱不可同日而语。相反，温柔更具有折服人的力量。

有一则太阳和风的寓言。一天，太阳和风在争论谁更有力量，风说："我来证明我更行。看到那儿有一个戴帽子的老头吗？我打赌我能比你更快地使他脱掉帽子。"于是太阳躲到云后，风就开始吹起来，愈吹愈大，愈吹愈有力，简直像一场飓风，但是风吹得愈急，老人把帽子拉得愈紧。终于，风平息下来，放弃了。这时，太阳从云后露面，开始以它温煦的微笑照着老人。不久，老人开始擦汗，摘掉帽子。

在生活中，我们也会常常发现这样有趣的事：有些事情让男人去干，结果越干越糟，而让一位温柔的女性来处理，反而会有意想不到的结果，事情反而解决得很圆满。

（6）上下兼顾

一个合理的人脉关系网，必须从下至上、由低到高，由几个不同层次组成。层次原则，反映了人脉关系网内部纵向联系上的客观要求。

一般来说，合理的人脉关系网可以分为三个不同层次：基础层次、中间层次和最高层次。

基础层次是指家庭关系，包括夫妻关系、父母子女关系、兄弟姐妹关系、婆媳关系、姑嫂妯娌关系及其他长幼关系。

中间层次指亲友关系，包括恋爱关系、邻里关系、朋友关系、亲戚关系等。

最高层次指工作关系，包括同事关系，上下级关系等。

只有让这三个层次组成一个宝塔形结构，一层比一层范围更窄，一层比一层要求更高，才有利于人脉关系网的合理化。

在这三个层次之中，任何一个层次都不应当受到忽视。忽视了较低层次，较高层次便成为空中楼阁，无法牢固地树立；忽视了较高层次，较低层次便成了无枝、无叶、无果的根基，发挥不了应有的功能。

因此，在完善的人脉关系网过程中，过分沉醉于家庭小圈子而不思进取，或者只想在事业上急于建树，而置家庭于不顾，都是不可取的。

2. 为"人情账户"储蓄

人们在银行里开个户头，可以储蓄以备不时之需的钱款。而"人情账户"，储存的则是增进人脉关系网中不可缺少的"信赖"，或者说是你与他人相处时的一分"安全感"。人情账户中能够增加的"存款"是礼貌、诚实、仁慈和信用。这会使别人对你更加信赖，在必要时会发挥其作用，即使你不怕犯了错误也可以用这笔"储蓄"来弥补。具备了信赖，即使拙于言辞，也不至于得罪于人，因为对方已了解你的为人，不会误解你的用意。相反，那种粗野、轻蔑、无礼与失信等，都会降低人情账户的"余额"，甚至透支，那时，人脉关系网就会亮起红色的"警灯"了。

你帮朋友解决一个困难，朋友便欠了你一份人情，他是定要回报的，因为这是人之常情。有人会觉得，这样一往一来，仿佛商品交易。其实不尽然。人情的偿还，不是商场的交易，钱物两清，咱们两讫了，那样太没人情味。

钱锺书先生一生日子过得比较平和，但困居上海写《围城》的时候，也窘迫过一阵。他家不得不辞退保姆，由夫人杨绛操持家务，所谓"卷袖围裙为口忙"。那时他的学术文稿没人买，于是他写小说的动机里就多少掺进了挣钱养家的成分。一天500字的精工细作，却又绝对不是商业性的写作速度。恰巧这时黄佐临导演上演了杨绛的四幕喜剧《称心如意》和五幕喜剧《弄假成真》，并及时支付了酬金，才使钱家渡过了难关。时隔多年，黄佐临导演之女黄蜀芹之所以独得钱锺书先生的亲允，开拍电视连续剧《围城》，实因她怀揣老爸一封亲笔信的缘故。钱锺书是个只要别人为他做了一点儿事，他一辈子都记着的人。黄佐临40多年前的义助，钱锺书先生多年后不忘还报。

时刻存有乐善好施、成人之美心思的人，能为自己多储存些人情的债权。这就如同一个人为防不测，须养成"储蓄"的习惯，这甚至会让你的子孙后代得到好处，正所谓"前世修来的福分"。黄佐临导演在当时不会想得那么远、那么功利。但后世之事却给了好施之人一份不小的回报。

很多人都有一本或数本的银行存折，如果你一个月存500元，到了年底，你会发现，存折上不只是变成6000元，而且还有利息，这笔钱若提出来，用途还不少。

人脉关系网的投资也是如此。

我认识一位出版商，他平时即很注意人际关系的建立，不论是大人物还是小人物，他都不吝花销地和他们建立并保持良好的关系。据说有一位与他未曾谋面的作家因为急需，去向他借钱，他二话不说就掏出2000元。他广建人脉的结果是到处都有人帮助他，他因此而得到很多高质量的稿子。后来他在危急时，有很多人帮他渡过了难关。

他就是用在银行存钱的方式建立他的人脉——先存再提。

先存再提说来有些现实，有"利用""收费"的味道，但若从另一个角度来看，和别人建立良好的人脉关系网，本来就有着这样的益处，不能光用"现实"的眼光来看；而这些人脉必成为你这一生中最珍贵的资产，在必要的时候，会对你产生莫大的效用。就像银行存款一样，少量地存，有急需时便可派上用场。而别人对你的善意的回报，有时是附带"利息"的，就好比银行存款会生利息那般。

值得注意的是，生活中经常有这样的人，帮了别人的忙，就觉得有恩于人，于是心怀一种高高在上，不可一世的优越感。这种态度是很危险的，常常会引发反面的后果，也就是他帮了别人的忙，却没有增加自己人情账户的存款，正是因为这种骄傲的态度，把这笔账抵消了。

因此，你在给朋友帮忙时，应该注意下列事项：

第一，不要使对方觉得接受你的帮助是一种负担；

第二，帮助别人要做得自然诚恳，当时对方也许无法强烈地感受到但是日子越久越体会出你对他的关心，能够做到这一步是最理想的；

第三，帮忙时要高高兴兴，心甘情愿不可以被迫而为。

如果对方也是一个能为别人考虑的人，你为他帮忙的种种好处，绝不会像射出去的箭一去不回，他一定会用别的方式来回报你。对于这种知恩图报的人，应该经常给他些帮助。

总之，人脉往来，帮忙是互相的，切不可像做生意一样赤裸裸地充满铜臭气，一口一个"你帮了我的忙，下次我一定帮你"，这种忽视了感情的交往，会让人兴味索然，彼此的交情也维持不了多长时间。

3. 把握做人情的度

我们讲对朋友要真诚相待，但毕竟达到莫逆之交，或可以深交的朋友还是少数，大部分的朋友不可能深交，与他们之间的情谊是要用感情和人情来维系的。如果同他们之间没有人情往来，失去了感情友谊就会淡漠，甚至消失。

维系人脉的最佳办法是人情，把人情做足。将人情做足包含两个含义：一是人情要做完；二是人情要做得充分。

两个朋友，一个人求另外一个办点儿事，另外一个说："没问题。"隔几天，他给你一个半零不落的结果，你口头上虽不能说什么，但心里肯定说："这哥儿们，要做就做完，做一半还不如不做，帮倒忙。"

做人怕只做一半，叫帮倒忙，越帮越忙，非但如此，还会影响被信任度，说话不算数的朋友谁都不愿沾着。人情做一半，叫出力不讨好。

既然答应了人家就要做到底，且不能做得勉勉强强。事情虽然办成了，朋友高兴，但你勉强的态度又会让他在感情上受伤害。比如说你买了一本好书，朋友来借，你先说："借书啊，我刚买的，我还没看完呢，给你看吧。"

其实前面的废话又何必呢？最后的结果还是借给人家了，你不说也是借，说了还是借，与其说些废话还不如痛痛快快借给他，书总是你的嘛，待他还回来后你可以尽看一辈子。所以，人情要做到足，好人要做到底。

人情要做足，要举重若轻，而不能拈轻怕重。

举重若轻，并非叫你像武侠小说里的一样，为了朋友，可以两肋插刀、倾家荡产，可以慷慨赴死，一派轻松的样子，那是为了"侠义"，而这里的举重若轻是为了人情。

朋友之间帮助后，常有这样的应答："哎呀，可太谢谢你了。""咱哥们，谁跟谁呀，没事。"

这其实就是举重若轻，朋友找你办的事，若他能办了，也不会来找你了，所以，你若办成了，你就要学谦虚点，不能以此自夸。应轻松点，不放在心上，会让朋友更加器重和感激你。

一个朋友去找你，让你给他弟弟找份工作，你答应了，也做到了，并且你平时还要给对方以小小的关心、照顾。这种事，在朋友面前你是不应说什么的，你要淡然处之。你用不着担心他会不知道，就算是他弟弟不说，也一定会有人告诉他。

举重若轻，你还要自己送"货"上门，把人情送给正需要你的朋友，如果你是雪中送炭，一定会让他万分感动，铭刻在心。

举重若轻，你就要想友之所想，急友之所急，在他最困难、最需要帮助的时候，你的出现对他来说，就仿佛暗夜里的一道光芒，让他难以忘却。

举重若轻，还有一个意思，就是你欠了朋友的人情，还人情债的时候，要还足，甚至要多还。你的人情大于他的，他就会记了一份新的人情，朋友之间的账，永远也算不清，从某种意义上讲，在中国，这种算不清的账，无疑成了与朋友之间联系的一种纽带。

值得注意的是，我们在"人情要做足"这个问题上，应该注意把握一个限度。就像对孩子的爱一样，过分的爱有时会带来彼此的伤害。

朋友之间物质上的交往是不可避免的，很多人害怕朋友送礼时的笑脸，尤其是重礼，因为那将意味着一种同情的暗示。如果礼物带给朋友的是自卑、压抑或无法回报的沉重，那么这样做又是何苦呢！

人际交往要有所保留，初入社交圈中的人常犯的一个错误就是总想"好事一次做尽"，以为自己全心全意为对方做事，会使关系融洽、密切。事实上并非如此。因为人不能一味接受别人的付出，否则心理就会感到不平衡。"滴水之恩，涌泉相报"，这也是为了使关系平衡的一种做法。如果好事一次做尽，使人感到无法回报或没有机会回报的时候，愧疚感就会让受惠的一方选择尽量疏远。留有余地，好事不应一次做尽，这也许是平衡人际关系的重要准则。

留有余地,适当地保持距离,因为彼此心灵都需要一点儿空间。如果你想帮助别人,而且想和别人维持长久的关系,那么不妨适当地给别人一个机会,让别人有所回报,并不至于因为内心的压力而疏远了双方的关系。而"投资过度",不给对方回报的机会,就会让对方的心灵窒息。因此,适当留有余地,彼此才能自由平等地交往。

4. 让人脉网保持活力

与更多的人结交,做人脉投资,就要想着与大家一起合作,为自己的人生添砖加瓦,建造绚丽多彩的美丽人生。

无论是生活圈还是事业圈,个人生活质量的好坏都在于一张完美的人脉关系网。只有网结得好,才能做人生的赢家。

宋朝的才子范仲淹,官至宰相,他的才识智慧在当时是无与伦比的,他雄心勃勃,想成就一番伟大的事业,但却处处受阻。范仲淹看到当时社会普遍存在的腐败之风,自己无可奈何,只好发出"唯斯人,吾孰与归?"的千古悲吟,来表达自己的心情。

人类社会经过千百年的发展,人脉更被打上了独特的烙印。想在社会中生存发展,想在社会活动中游刃有余,想在社会发展中出类拔萃,良好的人脉能在你的事业成功路上助你一臂之力。

无论是政治家还是商人,都需要良好的人脉关系网,古今中外皆如此,决定事业成败胜负的一个重要因素,就是如何织好并利用这张网了。有的人整天忙忙碌碌,认识很多人,网织得很大,但漏洞百出,而且又有许多死结,结果使用起来没有实效,撒进海里网不到鱼。而有的人就不是这样,他们懂得在人脉关系网中找到最重要的那一个环节。

人的精力是有限的,因而要织一张好的人脉关系网,必须常常做以下工作。

第一项是筛选。把与自己业务有直接关系和间接关系的人记在一个本子上，把没有什么关系的记在另一个本子上，这就像是打扑克中的"扣底牌"：把有用的留在手上，把无用的扣下去。

第二项是排队。要对自己认识的人进行分析，列出哪些人是最重要的，哪些人是比较重要的，哪些人是次要的，根据自己的业务需要进行排队。这就像打扑克牌中要"理牌"一样，明白自己手里有几张主牌，几张副牌，哪几张牌最有力量，可以用来夺分保底，哪些牌只可以用来应付场面。

由此，你自然就会明白，哪些关系需要重点维系和保护，哪些则只需要一般保持联系和关照，从而决定自己的交际策略，合理安排自己的精力和时间。

第三项还需要对所有关系进行分类，知道他们不同的作用。因为你需要的帮助不可能只从某一方面获得，往往涉及很多方面，你需要很多方面的资源。比如，有的关系可以帮助你办理有关手续，有的则能够帮助你出谋划策，而有的却只能为你提供某种信息。虽然作用不同，但对你都可能是至关重要的。所以一定要分门别类地对各种关系的功能和作用进行分析和甄别，依次把它们编织到自己的人脉关系网之中。

有了以上的准备，你才可能有效地利用这张网，打好自己手中的牌，并且自己知道在什么情况下应该打什么牌。

当然，有了这张网之后，你还得不断地检查、修补它。因为随着部门调整、人事变动，你的网也会常常出现漏洞和空缺。你必须不断调整自己手中的牌，重新进行排队和分类，不断从关系之中找关系，使自己的人脉关系网一直有效。

世界上的一切事物，都处于不断地运动、变化和发展之中。我们的人脉，如果不随着客观事物的发展而发展，就会逐步处于落后、陈旧甚至僵死的状态。因此，一个合理的人脉关系网，必须具有能够进行自我调节的动态功能。动态原则反映了人脉在发展变化过程中前后联系上的客观要求。

在实际生活中，需要调整人脉关系网的情况一般有如下三种。

（1）奋斗目标的变化

也许你的奋斗目标已经实现，也许你的奋斗目标已经发生了变化，比如弃政从商吧，这需要你及时调整人脉关系网，以便更有效地为新的目标服务。

（2）由于生活环境的变化

在当今这样的开放社会，人口流动性空前加快，本来在广州工作的你，也许会北上到北京去工作。这种工作环境的变动，势必由工作关系、客户的变化，引起人脉关系网的变化。

（3）某些人际关系的断裂

天有不测风云、人有旦夕祸福，朝夕相处的亲人去世了，在悲哀的同时，不能不看到人脉关系网的变化。

可见，调整人脉关系网有被动调整和主动调整两种，不管是何种调整，都要求我们能迅速适应新的人脉关系网。

为此，我们应当努力为自己建造一种善于进行新陈代谢的开放性人脉关系网。这样做也许有点琐碎，但其回报是你将拥有一个充满活力的人脉关系网。

5. 提升人脉竞争力的方法

究竟什么是人脉竞争力？相对于专业知识的竞争力来说，在人际关系中，人脉关系网上的优势就是人脉竞争力。换言之，一个人脉竞争力强的人，他拥有的人脉资源会比其他人更广更深。在平时，人脉资源可以让你比别人更快速地获取有用的信息，进而转换成工作升迁的机会或者财富；而在危急或关键时刻，人脉资源也往往可以发挥转危为安，或临门一脚的作用。

（1）建立守信用的形象

"民无信不立"，一个人的行为必须与自己的言语相符合，不能说一套做一套，言行不一致的人，很难建立良好的人脉。同时，在现代社会中，讲诚信也是进行商业活动的基础，是获得经济效益的一种有效手段，信用与效益具有相辅相成的关系。

从个人修养来看，信用也是对人格境界的一种追求。守信用有三个层次，其一是小信，即表里如一；其二是中信，即在自己言行一致的基础上，督促他人守信；其三是大信，将个人的诚信服务于全社会。当然要做到这个层次很不容易，这也是守信用的最高境界。

我们普通人，若能做到小信，必能人脉顺畅；若能做到中信，人脉的竞争力将会得到大大的提升。

建立守信用的形象，需要从小事做起，哪怕是微不足道的一件小事，都要以守信用为根本，持之以恒，留给他人的自然就是一个恪守信用的形象了。

（2）增加自己被利用的价值

前面已经讲过，人脉存在的基础在于双赢，如果自己没有被人利用的价值，别人也就没有与你建立人脉的必要。从这一点出发，若想提升自己的人脉竞争力，你必须增加自己能被人所利用的价值，即尽自己一切力量去帮助他人。

你若能为他人做更多的事情，他人就越愿意跟你建立人脉关系网。这就要求你要不断地学习各种知识、技能。"滴水之恩，涌泉相报"，你给别人以帮助，别人自然会感激在心，会寻求机会给你以回报。这样，你能为他人做更多的事，他人自然给你的帮助就越大。

（3）乐于与人分享

分享已成为现代社会拓展人脉的利器。不管是信息、利益还机会，懂得与人分享的人，最终总是比其他人获得更多。这是为什么呢？

一个人的关注面毕竟是有限的，可是社会信息量却越来越多，要想掌握更多的信息，只能与大家分享。

有些人很害怕与人分享信息，认为这样会把自己的机会都给分享走了。从短时间来看，或许是这样，但是如果将眼光看长远一点，就不会这样认为了。因为你一个人不可能赚走所有的钱，一个人也不可能抓住所有的机会。

因此，你要有广宽的心胸，使自己意识到：你把自己在一段时间内赚不过来的钱，或者抓不住的机会与他人分享，使他人都能得到这一切，这个过程就像你把钱存在银行一样，在适当的时候，受益的人也会给你提供相应的信息。

乐于与人分享，是你在处理人脉关系网方面的重要一环，与你分享的人越多，你的人脉竞争力就会越强。

（4）增加自己亮相的机会

要多参与一些聚会、公益性质的活动，给他人认识自己创造更多的机会。这样的场所在日常生活中是很多的，关键在于你自己去发现。如读书会、做志愿者、参加各种培训班……都可以用来拓展你的人脉关系网，而且，在这样的组织中，要尽量发挥自己的长处去帮助别人，扩大自己的影响力，在别人心中留下你的印象。

认识你的人多了，你的人脉竞争力也会随之增强。一位建材公司的经理最初是做销售的，随着他参加各类展销会等各方面的销售活动，认识的人也一天天地多起来。后来他自立门户，不到半年的时间，他创建的公司就有了不少的收益，这都是得益于他以前做销售时建立的关系。他曾经深有感触地说："我认识那么多的客户，哪怕一个星期与一家做单，两年我都做不完。"

让别人认识你比你认识别人更重要！

（5）把握每个帮助别人的机会

助人者，人恒助之。高阳这么描述胡雪岩，"胡雪岩倒霉时，不会找朋友的麻烦；他得意了，一定会照应朋友。"胡雪岩取得的成功很大的程度上取决于众人的帮助，这些人之所以要帮助他，是因为他们以前都接受过胡雪岩的帮助。投桃报李，正是人脉的要义。

（6）永远保持好奇心

一个只关心自己，而对别人、对外界没有好奇心的人，即使有再好的机会出现，也会与之失之交臂。

我们都知道，认识一个人，首先是从对这个人感兴趣开始的，包括对这个人的长相、衣着、行为、所从事的工作，及一切关于他的事物感兴趣，而兴趣正是好奇心的体现。可以说，好奇心是我们认识别人，拓展人脉的源动力。区别只在于，有的人是无意之中受好奇心的驱使，下意识地去结识人；而现代社会中更多的人则是有意识地保持自己对人、对事的好奇心，并在与人的交往过程中认真学习、弄懂并加以运用。这样的人比其他人更容易建立起人脉，而且建立起来的人脉关系网也更具竞争力。

（7）同理心

"以责人之心责己，以恕己之心恕人"，经常站在对方的立场上来考虑问题，是同理心的具体体现。

我们做任何一件事，在想到自己一方的同时，也要考虑对方的处境，并作出相应的措施来给予对方以方便，那么我们想做的事情必定更容易成功。别人与我们的相处将会更愉快、更轻松。这样一来，我们的人脉竞争力也会越来越强。

许多人对人脉竞争力的重要性没有深刻的认知，通常也不愿在这上面花更多的时间，往往到了关键时刻才发觉自己的人脉资源太少。不妨改变一下观念，可能就会产生截然不同的结果。

只对某个专业进行耕耘，就只能是"一分耕耘，一分收获"，若能对人脉进行耕耘，则将是"一分耕耘，十分收获"。

一旦你将人脉的竞争力提升到一个新的高度，努力在人脉的沃土上耕耘吧，你将发现，你的人生会过得如此轻松惬意、心想事成！

让别人帮你成功

我们一再强调，人作为一个单独的个体，其能量实在有限。跑不如马快，力不如牛大，但人却能干一番惊天动地的事情。原因何在？

原因在于人的头脑比牛马高级。人不仅能想到做事的方法，还能在想不到或做不到时，知道自己可以依靠外界的力量来达成自己的目标。

那么，哪些力量是我们可以依靠、可以借助的呢？

1. 借朋友之力

一个人打拼实在不易，如果能得到朋友的帮助就如雪中送炭，如虎添翼，所以说"多个朋友多条路"实是人生的大幸。

一些彼此天南海北的人常在初次交往后会发出这样的惊叹："嗨！这世界简直太小了，绕几个弯子，大家都成熟人了。"其中奥妙就在于此。

赵、钱、孙、李四人聚会，赵和钱是好朋友，钱和孙共事多年，孙的顶头上司李平时特别关照孙，孙与李既是下属与领导者的关系，又是好朋友。李与赵原本不认识，但此次相会，一谈起互相认识的好朋友，关系一扯上，这不又成了"哥儿们"了。发展好了便成为"信息共享""资源共享"的铁哥儿们。

对于平时不熟悉的人，你要与他一见如故，不是件容易的事。初次见面，至多握个手，说几句客套话，再想深聊，又没有多少话题，多讲应酬的客套话吧，易使对方讨厌。然而，假使你间接运用朋友的私交，抓住大家关注的话题，稍加渲染，自然会使对方精神兴奋。你在适当时机提出自己的一点小请求，比如再补充道："××曾向我说及您，并嘱我多向您请教，必能得到宝贵的指示。"这个时候，你的不过分的恳求通常会有很好的收获。

朋友相交之初，总会有"苟富贵，勿相忘"的誓言，可事实上远非如此。有些朋友在自己富贵发达之后就忘了这话，逐渐与原先那些状况并未有多大改善的老朋友疏远了，甚至忘掉了老朋友，躲着老朋友。

老朋友疏远的原因很多，有可能是发达显贵的一方人格上产生了偏差，耻于与无权无势的旧交为伍了；有可能是他心情虽没变，因整天沉湎于繁杂的事务之中难以自拔，而无暇顾及他人；也有可能是没有长进的一方妄自菲薄，因自卑而羞于交往。无论怎样，两者的交情是越来越淡薄了。

在这里我们所要讨论的问题是，在这样的关系下，处在低层次的朋友如何向高层次的朋友开口请求帮忙办事情。当然，这肯定是被逼无奈非求不可的事了。因为求老朋友必然要比求陌生人要好得多，至少双方曾经有过很深的交情。再者，跟老朋友说话总比跟陌生人好开口得多，就是送礼还能找着门口呢。在这种情况下不妨采用以下四种方法。

（1）带上见面礼

因多年不见，就算是老交情，带点儿礼物上门也是非常自然的，更是情感的体现。礼物不在多少，它能把这多年没有交往的空缺一下填补之功效。

这礼物最好是对方旧有的嗜好，可以是土特产，也可以是烟、酒等。

当然，礼物不同，见面时的说法也不同。若是旧友的嗜好之物，就说是"特意给老兄（老弟）的，我知道你最喜欢这东西"；若是土特产，就说是"带给嫂子（弟妹）和孩子尝尝的"；若是钱，那就得说是"给大侄子大侄女的，买一件合适的衣服或买书"之类。走进了门，便有了开口求老朋友办事的机会了。总之，得带点儿什么才行。

（2）唤起回忆

这是此次拜访的最重要的办事基础，因为回忆过去就唤起了对方沉睡多年的交情，这交情才是对方肯为你办事的前提。

明朝初年，朱元璋当了皇帝。一天，家乡的一个旧友从乡下来找朱元璋要官做。这位朋友在皇宫大门外面，哀求门官去启奏，说："有家乡的朋友求见。"朱元璋传他进来，他就进去了，见面的时候，他说："我主万岁！当年微臣随驾扫荡庐州府，打破罐州城，汤元帅在逃，拿住将军，红孩儿当关，多亏菜将军。"

朱元璋听了这番话，回想起当年大家饥寒交迫、有乐共享、有难同当的情景，又见他口齿伶俐，心里很高兴，就立刻让他做了御林军总管。

当然，回忆过去，闲聊往事，也有个当与不当的问题。其实朱元璋做了皇帝以后，先后有两个少时旧友来找他求官做，一个说了直话，引起了他出身的尴尬，被杀了头；而上述这位说了隐话的朋友说得委婉动听，被朱元璋委以高官。

与朋友及家人闲聊过去，如果是当着他的孩子和老婆，也要尽量少去提及对方让孩子老婆成为笑料的"乐事"及尴尬事，这样可能会伤害对方在家庭中的权威，引起对你的反感，而达不到办事目的。

（3）以言相激

"无事不登三宝殿"。长时间的没有来往，此次突然来访，对方便心知肚明你有事要求于他。他若不愿帮忙，一进门就会显得非常冷淡，当你把事提出来的时候，他便会现出含含糊糊的拒绝态度。这可能是在你的意料之中，这时，你就得把"死马当成活马医了"。"以言相激"不失为一种扭转对方态度、继续深入的好方法。

比如，你可以说：

"你是不是觉得，我这事给你找的麻烦太多？"

"我知道只有你能帮我，所以我才来找你的，否则，我能大老远地跑到你这里来。"

"我想你有能力帮我，再说这事也不是什么违背原则的事。"

"这事我临来之前，跟亲友都打过保票了，说到你这里一办就成，难道你真让我回家无脸见人？"

以言相激也必须掌握分寸，若是对方真的无能力办此事，我们也不能太苛求人家，让人家为难，更不能说出绝情绝义的话，伤害对方。只有你了解了对方确实有"多一事不如少一事"的心态时，才可以以言相激，逼他去办。

如果他真的帮你去办事，不管办成没办成，事后，你都应该说个道谢的话，这样会显得你有情有义。

（4）以利益驱动

如果你了解到这事办成的难度大，或者对方是一个见钱眼开的人，即使他帮你办成，也会留下一个天大的人情。这样，你不妨干脆以利益驱动。

如果你把实情道出，说这是我自己的事，事成之后，我给你多少多少好处，对方可能会碍于老朋友的面子不好接受。那么，这时你可以撒一个小谎，说这事是别人托你办的，事后可以怎么怎么的，这样，对方就会很坦然地接受，你也可以显得不卑不亢，事后也避免留下还不完的人情债。其实，这种方法也是当今社会很普遍的办事手段，运用这种手段办事，成功率往往很高。

2. 借同学之力

俗话说：十年寒窗半生缘。可见，同学之情如果处得好，在某种程度上要胜过手足之情、朋友之情。在这个世界中，能为同学也算是一种缘分。这种缘分因为它纯洁、朴实，有可能日后发展为长久、牢固的友谊。

现代社会里，人际交往更注重同学关系，同学之间互相帮忙，经常可以见到。众所周知的"黄埔同学会"的学友们，就常能摒弃偏见，为国共两党合作，为发展两岸关系出力不少。可以说，"黄埔同学会"是一个同学关系的典范。在一个单位里，同一个学校里毕业的同学或校友中，如果有一个晋升到主要的领导岗位，那么，不出几年，这些同学或校友便都能得到提升晋职，这大概就是同学关系的力量。

同学关系有时的确能在关键的时刻帮上自己一个大忙。但是要值得注意的是，平时一定要注意和同学培养、联络感情，只有平时经常保持联络，同学之情才不至于疏远，在关键之时同学才会心甘情愿地帮助你。如果你与同学分开之后，从来没有联络过，当你去托他办事时，特别是办那些比较重要的，不关乎他的利益的事情，他就很难会热情地帮助你。

与同学保持联系的方式有很多。

有空给远在异地的同学们打打电话，通通信，询问一下对方近来的工作、学习情况，介绍一下自己的情况，互相交流一下，这是很有必要的，这个方法也很有效。碰上同学们的人生大事，如果有空最好亲身参加，如果实在脱不开身，最好也发个E-mail或托人带点儿什么，不然，怎么算得上同窗情谊。

对方有困难的时候，更应加强联系，许多人总喜欢向同学汇报自己的喜事，而对一些困难却不好意思开口，同窗之情完全可以去掉这些顾虑。

同学之间办事最实在，也最得力。

同学关系是非常纯洁的，有可能发展为长久、牢固的友谊。因为在学生时代，人们年轻单纯，热情奔放，对人生、对未来充满浪漫的理想，而这种理想往往是同学们共同追求的目标。曾几何时，彼此在一起热烈地争论和探讨，每个人的内心世界都袒露在别人面前。加之同学之间朝夕相处，彼此间对对方的性格、脾气、爱好、兴趣等等能够深入了解。

即使你在学生时期不太引人注目，交往的范围也很有限度，你也大可不必受限于昔日的经验而使想法变得消极。因为，每个人踏入社会后，所接受的磨炼均是百般不同的，绝大多数的人会受到洗礼，从而变得相当注意人际关系的重要性。因此，即使与完全陌生的人来往，通常也能相处得很好。由于这种缘故，再加上曾经拥有的同学关系，你可以完全重新展开人际关系的塑造。换言之，不要拘泥于学生时期的自己，而要以目前的身份来展开交往。

谁都牵挂昔日的同窗，说不定你的音容笑貌还存留在他们的记忆中，千万不要把这种宝贵的人际关系资源白白浪费掉。从现在开始，你就要努力地去开发、建设和使用这种关系。

那么我们该如何利用同学关系呢？

（1）加深关系，让同学主动帮忙办事

同学之情的作用非常巨大，同学之间如能建立亲密的联系，并逐渐加深关系，那么你遇到难题时，同学就会调动自己的关系尽力帮忙。有些聪明人很巧妙地运用了这个技巧，在一些无关紧要的场合中，自己吃些小亏，做些让步，送个人情给同学，使他人一辈子记住这份人情，最后还有可能因此而获得极大的成功。

（2）经常聚会，以求关键时候帮把手

要知道，大千世界茫茫人海，既为同学，缘分不浅。虽相处时间不长，但这中间的关系值得珍惜，值得持续下去。当你与同学分开后，还能保持一种相互联系、愈久弥坚的关系的话，那对你的一生，或者说对你将来要达到的目的与理想是会很有好处的，这其中的有利方面，也许是你所从未想到的。

同学关系有时往往会在很关键的时刻起作用。但是值得注意的是，平时一定要注意和同学培养、联络感情，只有平时经常联络，同学之情才不至于疏远，同学才会甘心情愿地帮助你。如果你与同学分开之后从来没有联络过，你去托他办事时，一些比较重要的关乎他的利益的事情，他就不会帮你。

（3）经常参加同学间的活动，办事时才会得到照顾

当今社会，人们看重物质。许多人目光短浅，与老同学往来时、聚会时不甚热情，分开后不相往来，遇到事情时再来找老同学，同学谁会给他帮助呢？

但是，当今的社会也是人际关系的社会，人际交往广泛与否，是一个人能否在事业上成功的关键因素。而在这种关系中，同学关系应该是比较重要的一类关系。因为当年身为同学之时，大家都比较单纯，友情非常纯洁，而分开之后只要还彼此保持着联络，就会十分怀念那份纯真的友谊。因此，分开后的同学常常会借这样那样的活动彼此联系，只有参加这样的活动，加深同学之间的感情，在你托同学办事时，同学才会爽快地答应，积极地去办。

3. 借亲戚之力

每个人都有三亲六故，给自己亲戚办事的情况很多。当人们遇到困难的时候，大概首先想到的就是找亲戚帮忙。俗话说，不是一家人，不进一家门。作为亲戚，对方也一般会很热情地向你伸出援助之手。

"亲不亲，一家人""一家人不说两家话"，这都是说明与亲戚办事的得天独厚的便利。

（1）主动沾亲

在任何社会，亲情永远是最宝贵的。在利用亲情办事之前，需要具备锲而不舍的精神，不怕吃苦，勇于发掘亲戚关系。

（2）利用亲情

利用亲戚关系时，叙情起很大作用。可以说，善用亲情在很大程度上要善用亲情去说服对方，感动对方。

在求亲戚帮助的时候，一样需要用真诚打动对方，使亲情得到发挥利用，切不可虚假用情。

利用亲戚关系并不是无限制地滥用，不顾一切去利用，那不用说会给对方增加麻烦，使对方加以拒绝，就是自己，也会因此而受到道德良心上的谴责。

（3）利用亲戚关系办事，要在人格上求平等

亲戚之间需要经常走动，增进了解，互助互利，设法为对方多办些事，这样才能增进亲戚之间的感情，否则亲戚之情会越来越淡。

亲戚之间的关系应以"情"字为主，而不要"利"字当头。现实生活中的许多人是非常势利的，亲戚若得势，他就与之交往；亲戚若落魄，他就不理不问，不过，这种人通常是受人鄙视的。

在传统的亲戚交往中往往存在着一种误区，那就是：亲戚关系是一种血缘、亲情关系，彼此都是一家人，七大姑给八大姨帮忙办事都是分内之事，都是应该之事，没必要像其他关系那样客套、讲礼。其实，有这种想法就是大错而特错了。血缘的关系虽说是"割断了骨头连着筋"，但亲情的维护与保持就在于彼此之间的相互帮助与知恩图报上。

现实生活中，我们都有过这样的体验，作为亲戚之间的甲方若是一味地照顾、帮助乙方，而乙方则回报以不冷不热、不谢不颂的态度，时间长了，甲方必定会生气，认为乙方是不懂人情、不值得关照的冷血动物。若乙方依然故我，认为甲方帮助他是应该应分的，那甲方必然会终止与乙方的交往。

相反，若乙方知恩懂情，虽然没有什么物质好处回报，但经常以自己的劳动力帮甲方做点家务活，跑跑腿等，以此作为感谢，甲方得到心理平衡，两家之间的关系也会很好地维持下去。

事实上，不论是一般关系还是亲朋好友，甚至是父母，都愿意听到一句别人对他们的感谢话，虽然他们的付出有多有寡，但受惠人一句滚烫贴切的话，无疑对他们是一种心理补偿。

对热情相助的人在物质上给以回报，也是一种不失礼节的方式。物质回报虽然不是亲戚间交往的主要方式，但它毕竟存在于现实生活之中。所以亲戚间也应注意这方面。

有时，适量的物质回报是培养良好的人际关系的特殊需要。比如某人曾多次无私地帮助过你，某一天当他生病住院的时候，你拎上礼物去探望，无疑对他是一种莫大的慰藉。总之，物质回报要遵循适度的原则，适量地"往重于来"。

4. 借老乡之力

当今社会人口的流动性很大，许多人离开家乡，到异地去求职谋生。身在陌生的环境里，拓展人脉资源有一定的难度，那就不妨从老乡关系入手，打开局面。

"甜不甜家乡水、亲不亲故乡人"，中国人对故乡有一种特殊的感情，爱屋及乌，爱故乡，自然也爱那里的人。于是，同乡之间，也就有着一种特殊的情感关系。如果都是背井离乡、外出谋生者，则同乡之间更是必然会互相照应的。

在某种程度上来说，乡情本身便带有"亲情"性质或"亲情"意味，故谓之"乡亲"。

中国的老乡关系是很特殊的，也是一种很重要的人际关系。既然是同乡，那涉及某种实际利益的时候，则是"肥水不流外人田"，只能让"老乡圈子"内的人"近水楼台先得月"。也就是说大多会按照"资源共享"的原则，给予适当的"照顾"。

如此看来，如何搞好老乡关系是非常重要的，不仅可以多几个朋友，最重要的是可以获得许多有用的东西，也许一辈子都会受益无穷。

既然同乡观念在人们头脑中根深蒂固，足以影响了一个人的发展前途，那么我们在拓展人脉关系网时中就不可忽视它。

最起码当你在有求于人时，可以提供一条"公关"的线索。对于同乡关系，只要不搞歪门邪道，没有到"结党营私"的程度，则完全是可以用的。

在外地的某一区域，能与众多老乡取得联系的最佳方式当然是"同乡会"。在同乡会中站稳了脚跟，跟其他老乡关系处得不错，就等于交结了一个关系网络，也许，有一天，你就会发现这个关系网络的作用是多么巨大，不容你有半点忽视。

齐某是个早年到广州闯荡的游子，现在已在异乡成家立业，家庭生活美满。美中不足的是齐某的人脉关系网窄小——这是许多闯荡异乡的人常见的苦恼。恰在这时，同在这个城市的几位老乡，他们深感有必要成立一个同乡会，定期聚会，加深感情，以后有什么事大家可多加照应。

齐某一接到邀请，毫不犹豫地加入到其中并积极筹划，联络老乡，把这个同乡会当成了自己的"家"，并成为"家"中领导之一。

经过两年的时间，同乡会已发展到了具有近300人的规模，齐某也等于多认识了近300人。这些老乡，各行各业，贫穷富贵，兼容并存，用齐某自己的话来说："我现在办什么事非常方便，只需一个电话，或打声招呼，我的老乡都会为我帮忙，而我也会随时帮老乡的忙……"

在我国上下数千年的历史上，有一个很有趣的现象：在一个地区中出过一个显赫人物，往往就会带出一大帮。到了近代，这个现象似乎特别明显。大批的同乡做了官，形成一定的势力圈之后，这个地方便会邻里和睦、社会安定、经济发达，自然会被说成是"人杰地灵"。聪明的读者，对这个有趣的现象，你能有所启发与感悟吗？

5. 借邻居之力

俗话说得好：远亲不如近邻，近邻不如对门。意思是说，居家过日子，若遇到个大事小情，邻里的帮助及时、便捷，往往要胜过亲戚的帮助。因为亲戚离得远，远水难解近渴，远不如邻居来得迅速。这话道出了邻里关系友好相处的重要性。

邻里关系若处得好，有时要胜过亲戚关系。它是我们在社会上成功办事可利用的人脉关系网。事实上，有许多成功者都是得益过邻居帮助的。

当今的香港富豪李嘉诚，在少年时代过的是非常贫困生活，母亲要养育几个孩子生活十分困难，邻居出于同情，便介绍李嘉诚去一个塑料厂做工。这个帮助对李嘉诚一家来说，真是解危难之急，使他能够帮助家庭维持日常开销，而这份工作又为他日后成为全世界的富豪而奠定了最初的基础。

邻居的帮助是适时的，也正是这个家庭所急需的，他们也许没想到李嘉诚会以此为基点，开创将来的事业，但他们的确为他提供了这样一个机会。

其实，我们在日常生活中，也许经常会托付邻居帮忙办事，比如，出远门了，告诉邻居帮着照看一下家；有人生病了，求邻居帮忙送到医院；有力气活儿，自己一个人干不动，求邻居给帮一下，等等，在很多时候都是离不开邻居的。很多处得好的邻里关系都变成了真诚的朋友关系。

邻里关系的重要，就在于它有时能解危难之急。

所以，想求得邻里的帮助，我们就应该在适当的时候主动去帮助邻居。例如询问对方身体状况，事业发展，家人情况等，或是记住一些对方曾经说过的话，然后向对方表示"您曾说过……"，这样，邻居就会感受到这种关心。

"好事同庆"，是维系和促进邻里关系友好的最佳时机。

邻居办喜事，道一声祝贺，送一份礼；邻居的儿子考上大学，也不失时机地说两句祝福的话都是十分必要的。

而当自己的家中有喜事，同样也可以请邻居小聚，让这乐融融的气氛融洽彼此的关系。好事同庆就如催化剂，巧妙地起着作用，加快邻里关系的发展。

在我身边发生过这样一件事。一位叫张丽萍的女士与一个叫林晓莉的女士楼上楼下，她们彼此都有一个和睦的家庭，而且孩子都已长大，年龄相近。

林女士的儿子今年上了高三，张丽萍也似乎能够体会到作为母亲的苦处，平时碰面时，言语中总要融入几分真心的关怀，林女士也感到很高兴，而且，慢慢地对张家喜欢大声放音乐的习惯也没有意见了，想起对方的关心，心里总觉得暖融融的。

终于，林女士的儿子不负众望，考取了重点大学，而且是热门专业，对于母亲来说，这的确是件从心底里高兴的事。

当接到通知的那一刻，全家都为之欢腾。第二天，张丽萍就提了一大包水果来到林家，随意地说着一些祝贺话。并说起自己也是从那个"千军万马过独木桥"的年代中走过来，也是饱尝其中的苦楚，不过看这孩子聪明好学，不像自己那时调皮，考上好大学是意料中事，但也确实捏着一把汗，心里也挺紧张的。作为母亲的林女士听了她这一番情真意切的话后，心里油然而生一股暖意。的确，在这个人们认为真诚已不多的世界上，能感受到这样的热情是非常幸福的事。

张丽萍这样主动关心林女士的儿子高考的举动看起来不过是人之常情，但其结果必定更促进了两家的和睦相处。

其实，人们内心中都渴望与邻里分享快乐或痛苦，只要我们认真地参与进去，就会像看一本精美的小说，与作者一起和主人公同喜同悲，便会增添不少生活中的乐趣，同时也为促进邻里关系迈进了一大步。

邻里关系"走动"到如此好的地步，试想，如果你有事求他帮忙的话，他能不尽力吗？

6. 借同事之力

同事之间尽管在工作中会产生一些分歧和一些小矛盾，但若谁有个大事小情需要帮忙时，彼此之间一般都会热情地伸出援助之手。而坐壁上观看热闹的，我相信只是极个别。只要你的人缘不是臭到极点，同事间帮忙办事一般都是比较爽快的。

同事关系是办事最直接最方便利用的关系。

每一个人在单位都有表现自己的欲望，帮助同事办事就等于为他提供了一次表现个人能力的机会，即使遇到困难也得办，即使有时担心领导不满也得办，以此在同事中表现自己的古道热肠。因此，找同事办事不必存在有任何顾虑，该张嘴时就张嘴。只是，怎么轻松张嘴也是有讲究的。

那么，我们该如何利用同事关系办好事呢？

（1）托同事办事时态度要诚恳

托同事办事时态度要诚恳，需将事情的前因后果、利害关系说个清清楚楚，要说明为什么自己不办或办不了而去找他办。总之，由于同事对你了解得十分清楚，知根知底，因此托同事办事态度越诚恳越好。你的态度越诚恳，同事也就越不可能拒绝你。

（2）托同事办事要懂礼节

同事关系不像朋友关系那样亲近，同事之间关系一般不会太过深交，因此，托同事办事时一定要注意礼节。在提出托同事办事时，说话语气应诚恳、客气，询问对方是否可以帮助自己。对方如果同意了，则务必要说些客气话感谢对方。办事过程中，同事需要什么后备工作应全面做好，以备不时之需。事情办成之后，要诚挚地向同事表示感谢，并根据同事的喜好，或者请同事一起吃饭联络感情，或者给同事送点薄礼。

（3）托同事办事目的要明确

托同事办的事，一般应有一个明确的目标，这样的话，同事也比较有的放矢。不要托同事办一些目的不明确、比较笼统的事，应该托同事办一些难度不大、目标明确、效果显著的事，也有利于你向他致谢。

（4）不适合托同事办的事

自己力所能及的事不要托同事办，因为如果你要求同事帮你办这种事，同事很容易认为你是在摆架子支使他，这会影响你跟同事的关系。再则，这样的事同事一般也不会帮你办，即使帮你办了，也会极大损害你们之间的关系。

同事还得去求人的事尽量不要托同事办。同事托人会欠下人情，你托同事又欠下人情，这样的人情债不太好还，费的周折过多，还不如自己再想别的办法。

涉及同事之间利益关系的事不能托同事办。如果涉及其他同事或领导的利益，这种事会影响到同事之间或与领导之间的关系，因此一般不宜托同事去办。

最后，我们再重复一次本书的观点：想到做到，并非拘囿于单凭一己之力，要学会借助他人的力量——如果这一点你能想到并做到，则没有什么是你所不能想到与做到的！